轻松学

U0242340

五笔打字与文档处理

庄春华 主编

东南大学出版社

·南京·

内容简介

本书是《轻松学》系列丛书之一,全书以通俗易懂的语言、翔实生动的实例,全面介绍了五笔打字与 Word 2010 文档处理的相关知识。本书共分 11 章,涵盖了五笔打字预备知识、键盘操作与指法训练、五笔字型字根分布与记忆、汉字拆分与输入、输入简码和词组、五笔打字进阶、Word 2010 基础操作、文字排版操作、文档的图文混排、文档的页面布局与打印、Word 综合实例应用等内容。

全书双栏紧排,双色印刷,同时配以制作精良的多媒体互动教学光盘,方便读者扩展学习。附赠的 DVD 光盘中包含 15 小时与图书内容同步的视频教学录像和 4 套与本书内容相关的多媒体教学视频。此外,光盘中附赠的云视频教学平台(普及版)能够让读者轻松访问上百兆字节容量的免费教学视频学习资源库。

本书面向电脑初学者,是广大电脑初中级用户、家庭电脑用户,以及不同年龄阶段电脑爱好者的首选参考书。

图书在版编目(CIP)数据

五笔打字与文档处理 / 庄春华主编. ——南京:东南大学出版社,2014.4

ISBN 978-7-5641-4033-5

Ⅰ. ①五… Ⅱ. ①庄… Ⅲ. ①五笔字型输入法—基本知识 ②文字处理系统—基本知识 Ⅳ. ①TP391.1

中国版本图书馆 CIP 数据核字(2014)第 025959 号

五笔打字与文档处理

出版发行	东南大学出版社		
社　　址	南京市四牌楼 2 号	邮编	210096
出 版 人	江建中		
网　　址	http://www.seupress.com		
电子邮箱	press@seupress.com		
经　　销	全国各地新华书店		
印　　刷	江苏徐州新华印刷厂		
开　　本	787mm×1092mm　1/16		
印　　张	13		
字　　数	315 千		
版　　次	2014 年 4 月第 1 版		
印　　次	2014 年 4 月第 1 次印刷		
书　　号	ISBN 978-7-5641-4033-5		
定　　价	39.00 元		

本社图书若有印装质量问题,请直接与营销部联系。电话(传真):025-83791830

丛书序

《轻松学》系列丛书挑选了目前人们最关心的方向,通过实用精炼的讲解、大量的实际应用案例、完整的多媒体互动视频演示、强大的网络售后教学服务,让读者从零开始、轻松上手、快速掌握,力求让所有人都能即学即用,真正做到满足工作和生活的需要。

◐ 丛书、光盘和网络服务特色

(1)双栏紧排,双色印刷:本丛书采用双栏紧排的格式,使图文排版紧凑实用,其中200多页的篇幅容纳了传统图书一倍以上的内容。从而在有限的篇幅内为读者奉献更多的电脑知识和实战案例,让读者的学习效率达到事半功倍的效果。

(2)结构合理,内容精炼:本丛书紧密结合自学的特点,由浅入深地安排章节内容,让读者能够一学就会、即学即用。书中的范例通过添加大量的"注意事项"和"专家指点"的注释方式突出重要知识点,使读者轻松领悟每一个范例的精髓所在。

(3)书盘结合,互动教学:丛书附赠一张精心开发的多媒体教学光盘,其中包含了15小时左右与图书内容同步的视频教学录像。光盘采用全程语音讲解、真实详细的操作演示等方式,紧密结合书中的内容对各个知识点进行深入的讲解。

(4)免费赠品,量大超值:附赠光盘采用大容量DVD格式,收录书中实例视频、源文件以及3~5套与本书内容相关的多媒体教学视频。此外,光盘中附赠的云视频教学平台(普及版)能够让读者轻松访问上百兆字节容量的免费教学视频学习资源库。让读者花最少的钱学到最多的电脑知识,真正做到物超所值。

(5)在线服务,贴心周到:本丛书通过技术交流QQ群(101617400、2463548)和精心构建的特色服务论坛(http://bbs.btbook.com.cn),为读者提供24小时便捷的在线服务。用户可以登录官方论坛下载大量免费的网络教学资源。

◐ 读者对象和售后服务

本丛书是广大电脑初中级用户、家庭电脑用户和中老年电脑爱好者,或学习某一应用软件用户的首选参考书。

感谢您对本丛书的支持和信任,我们将再接再厉,继续为读者奉献更多更好的优秀图书,并祝愿您早日成为电脑高手!

如果您在阅读图书或使用电脑的过程中有疑惑或需要帮助,可以通过我们的信箱(E-mail:easystudyservice@126.net)联系,本丛书的作者或技术人员会提供相应的技术支持。

丛书编委会
2014年3月

前言

电脑操作已经成为当今社会不同年龄层次的人群必须掌握的一门技能。为了使读者在短时间内轻松掌握电脑各方面应用的基本知识,并快速解决生活和工作中遇到的各种问题,我们组织了一批教学精英和业内专家特别为电脑学习用户量身定制了这套《轻松学》系列丛书。

《五笔打字与文档处理》是这套丛书中的一本,该书从读者的学习兴趣和实际需求出发,合理安排知识结构,由浅入深、循序渐进,通过图文并茂的方式讲解五笔打字与文档处理的各种应用方法。全书共分为11章,主要内容如下:

第1章:介绍了汉字输入法的基础知识,以及安装与使用五笔输入法的方法和技巧。

第2章:介绍了键盘操作与指法练习的方法和技巧。

第3章:介绍了汉字的基本结构以及字根在键盘上的布局等知识。

第4章:介绍了汉字的拆分方法,以及键名字根、成字字根和键外汉字的输入方法。

第5章:介绍了简码与词组的输入以及使用打字软件练习汉字输入的方法和技巧。

第6章:介绍了造字、设置五笔输入法属性和98版王码五笔输入法的输入方法和技巧。

第7章:介绍了Word 2010操作环境,以及文档的基本操作方法和技巧。

第8章:介绍了文本的规范化编排和高效排版的方法和技巧。

第9章:介绍了文档的图文混排方式,包括插入图片、艺术字、SmartArt图形和表格等。

第10章:介绍了设置文档页面、页码格式,以及打印预览和打印文档的方法和技巧。

第11章:介绍了制作和排版美观实用的Word文档的方法和技巧。

本书附赠一张精心开发的DVD多媒体教学光盘,其中包含了15小时左右与图书内容同步的视频教学录像。光盘采用全程语音讲解、情景式教学、真实详细的操作演示等方式,紧密结合书中的内容对各个知识点进行深入的讲解,让读者在阅读本书的同时,享受到全新的交互式多媒体教学。

此外,本光盘附赠大量学习资料,其中包括4套与本书内容相关的多媒体教学视频和云视频教学平台(普及版)。该平台能够让读者轻松访问上百兆字节容量的免费教学视频学习资源库,使读者在短时间内掌握最为实用的电脑知识,真正达到无师自通的效果。

除封面署名的作者外,参加本书编写的人员还有王毅、孙志刚、李珍珍、胡元元、金丽萍、张魁、谢李君、沙晓芳、管兆昶、何美英等人。由于作者水平有限,本书难免有不足之处,欢迎广大读者批评指正。我们的联系信箱是easystudyservice@126.net。

编　者

2014年3月

第1章

五笔打字预备知识

随着现代科学技术的高速发展,计算机的应用已渗透到人类社会生产和生活的各个领域,掌握计算机的使用已经成为各行各业工作人员的基本技能,而掌握一种快速的输入法能够帮助工作人员更好地使用各种汉字处理系统。

参见随书光盘

1.1 汉字输入法的概述

要熟练地使用电脑，首先得学会打字。电脑打字不仅是熟练操作电脑的一项基本技能，也是一项重要技能。通过向电脑中输入文字，才能在电脑中进行编辑文档、制作表格等操作。

1.1.1 汉字输入法的分类

在使用电脑进行文字输入的过程中，并非直接使用生活中的笔在电脑上写字，而是通过一定的工具及方法向电脑中输入文字，并使用显示器将其显示出来。

要将汉字输入到电脑中，就需要通过汉字输入法来解决。

我国的电脑研究人员已成功地开发了多种汉字输入法，将汉字以一定的规则进行编码。在输入汉字时，只要输入该汉字的编码字符，就能输入对应的汉字。

根据汉字编码的不同，汉字输入法可分为音码、形码和音形码3种。

▶ 音码：音码编码规则与音素有关，是根据汉字的读音特性进行编码，因此只需具有汉语拼音的基础即可掌握。但音码只能对那些能读出音的汉字进行编码，否则无法编码。目前，最常用的音码类输入法大致是拼音输入法。

▶ 形码：形码根据汉字的字形特性进行编码。这种编码较难掌握，它缺乏像汉语拼音输入法那样的一个法定的科学规范作为基础，而且笔画或字根在通用键盘上的表示和布局也较为困难。目前，比较常用的形码类输入法是五笔字型输入法。

▶ 音形码：音形码是根据汉字的字音和字形属性来确定汉字的编码的，其编码规则不但与字音有关，还与字形有关。目前，较为常用的音形码类输入法是自然码。

1.1.2 五笔输入法简介

相比拼音输入法而言，五笔输入法的编码比较复杂，学习起来更难把握。但是五笔输入法的适用场合比较广泛。

▶ 普通话不标准的用户：拼音输入法是根据标准普通话的拼音进行编码，对于那些普通话不标准的用户来说，使用拼音输入法并不能提高打字速度，因此建议普通话不标准的用户使用五笔字型输入法来打字。

▶ 专业打字员及文秘办公人员：专业打字员以及从事文秘工作的办公人员都需要长期使用电脑打字，因此这类人员对打字的速度和准确率要求特别严格。使用五笔字型输入法可以使打字的速度大幅度提高。

▶ 电脑初学者：初学者是学习五笔输入法的主要群体。这类用户由于其学习兴趣比较高，理解能力也较强，因此在掌握了电脑的一些基本知识后，学习五笔输入法时勤于练习，便可快速入门和提高。

目前，大多数用户使用的汉字输入法都是五笔输入法，因为它有着无可比拟的优势，具体特点表现如下：

▶ 不受方言的限制：拼音输入法利用读音输入汉字，要求用户必须认识要输入的汉字且掌握其标准读音；而五笔字型输入法在输入汉字时，即使不认识这个汉字，也能根据它的字形进行输入。

▶ 击键次数少：使用拼音输入法输完

编码后,必须按空格键确认,增加了按键次数,降低了打字速度;而五笔字型输入法最多只需击键4次,而且编码为4码的汉字不需要按空格键确认,提高了打字速度。

▶ 重码少:使用拼音输入法输入汉字时,由于同音的字和词,经常会出现重码,需要按键盘上的数字键来选择,或者通过按【＋】或【－】键进行翻页选取,非常麻烦;而五笔字型输入法重码少,通常无重码或所要结果排在字词列表框中的第1位,可直接输入下一组编码。

1.1.3 认识几种常见的五笔输入法

五笔输入法发展至今,虽然经历了不断的更新和发展,但目前最常用的还是王码五笔型86版和98版。此外,市场上还有其他各类的五笔输入法,如万能五笔、智能陈桥五笔、五笔加加、极点五笔等。这些输入法都有它们各自的优缺点,下面将分别对其进行介绍。

1. 王码五笔

王码五笔86版可以处理 GB 2312 汉字集合中的一、二级汉字共6736个。它是最早出现的汉字输入法,拥有的用户群也最为广泛。

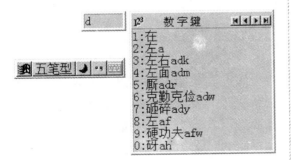

2. 万能五笔

万能五笔输入法是一种多元汉字输入

法,采用了一种包含多种互不冲突、相辅相成、相互取长补短的汉字编码方案,即在一种汉字编码输入状态下,任意汉字或词组短语同时存在多种编码输入途径,从而提供了更便利、更高效的编码输入。

万能五笔输入法的状态条类似于王码五笔输入法,它们的编码输入方法完全相同。万能五笔输入法最大的特点就是支持五笔、拼音、笔画等多种编码输入途径,用户可任意选择,因此其使用起来也更为方便。

3. 五笔加加

五笔加加输入法文件体积小,使用起来非常方便。其优点是在输入汉字时,遇到较难拆分的汉字,如果一时想不出来该怎么拆分,就可使用五笔加加的编码查询功能来输入。

dgl
1.三gg 2.研ah 3.砘bn ▶

4. 智能陈桥五笔

智能陈桥五笔(简称智能五笔)是一套功能强大的汉字输入软件,它内置了直接支持国家 GB 18030 标准,能输出 27000 多汉字编码的五笔和新颖实用的陈桥拼音(增加了笔画输入),具有智能提示、语句输入、语句提示、简化输入和智能选词等多项非常实用的独特技术。

智能陈桥五笔支持繁体汉字输出、各

种符号输出、大五码汉字输出，且具有内含丰富的词库和强大的词库管理功能。其灵活强大的参数设置功能，可使绝大部分人都能称心地使用该软件。

智能陈桥支持五笔字型、陈桥拼音、智能语句等多种输入法。智能语句输入是智能陈桥输入法最具特色的功能，它能输入3～20字的语句。

5. 极点五笔

极点五笔是一个完全免费的中文输入

平台，该输入法状态条的体积也非常小。

极点五笔输入法有3种输入法方式可以选择，包括拼音输入方式、五笔字型输入方式和五笔拼音输入方式。五笔拼音适合初学者使用，在输入汉字时，如果拆分不出其相应的五笔编码，无须转换输入方式即可使用拼音输入方式进行输入，在汉字后面还会给出相应的五笔编码。

1.2 各种打字场所的相关操作

正如写字前要准备好纸和笔一样，在学习电脑打字之前，还需要了解在电脑中打字所使用的场所及其相关操作，如对打字场所界面的认识、常用打字场所的打开与关闭、保存练习结果等。

1.2.1 认识常用打字场所

文字编辑软件是打字练习的主要场所。在 Windows 7 操作系统中，常用的文字编辑软件包括写字板、记事本和专业的文字编辑处理软件 Word 2010 等。另外，打字练习软件还包括金山快快打字通。下面将逐一介绍这 4 款软件。

1. 记事本

记事本是一个最基本的文本编辑程序，常常用于查看或编辑文本文件。记事本工作界面由标题栏、菜单栏和文本编辑区组成。

打开记事本窗口后，在文本编辑区的最前面会出现一个不断闪烁的小竖条，称之为"插入点"。插入点在输入文本时会随着文本向后移动，文本不会自动跳转至下一行。若不按 Enter 键执行换行操作，输入的所有

文本将在一行中进行显示。

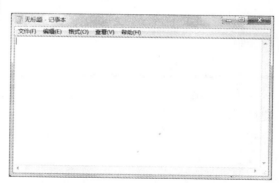

2. 写字板

写字板是常用的文字编辑软件，是功能强大的文字处理程序，可以用来创建和编辑简单的文本或具有复杂格式的文档。其工作界面主要由标题栏、功能选项卡、功能区、标尺和文本编辑区等组成。其中，功能选项卡和功能区主要提供了用户编辑文本时常用的一些工具按钮，如复制、粘贴和设置字

体等;而标尺主要用于查看当前文本位置。在插入点输入文本时,当输满一行后会自动跳至下一行。完成文本的输入后,文本字号不会随着窗口大小的改变而随之改变。

3. Word 2010

Word 2010 是 Microsoft Office 2010 办公软件中一款专门用于文字处理的软件,其工作界面主要由标题栏、功能选项卡、功能区及文档编辑区等部分组成。

相比记事本、写字板而言,Word 2010 的功能要强大很多,除可打字练习外,还可对所输入文本的字体、颜色和样式等进行编辑和设置。

4. 金山快快打字通

金山快快打字通是众多专业打字练习软件中颇具代表性的一款软件。

在打字通中,用户可以进行英文打字、拼音打字和五笔打字等练习操作。除此之外,用户还可以对自己的打字速度进行测试。

专家指点

操作系统中自带了记事本和写字板两个软件,而 Word 2010 和金山快快打字通这两个软件则需要用户自行安装。

1.2.2 常用打字场所的打开与关闭

打开和关闭打字场所操作,其实就是启动和退出应用程序。下面以启动和关闭 Word 2010 为例介绍打开和关闭打字场所的方法。

【例 1-1】启动和退出 Word 2010 应用程序。 视频

01 启动电脑,进入 Windows 7 操作系统,单击【开始】按钮,从弹出的【开始】菜单中选择【开始】|【所有程序】|【Microsoft Office】|【Microsoft Word 2010】命令。

02 此时启动 Word 2010 应用程序,自动打开【文档1】窗口,在闪烁的光标处即可开始练习五笔打字。

03 单击【文件】按钮,从弹出的【文件】菜单中选择【退出】命令,即可关闭 Word 2010 应用程序窗口。

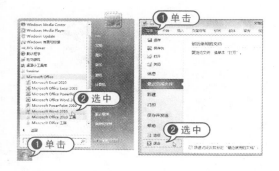

专家指点

直接双击桌面上 Word 2010 的快捷方式图标,或双击 Word 2010 文档,同样可以启动 Word 2010;要退出 Word 2010,可单击【关闭】按钮 ❌,或按 Alt+F4 组合键,或双击界面最左侧的程序图标按钮 Ｗ。

1.2.3　保存练习结果

为了日后能够查看自己的打字成果,还可以将打字练习的结果保存起来。

要对输入的内容进行保存,可以通过文字编辑软件的保存功能进行保存。在不同软件中保存输入内容的方法也不同,具体操作如下。

▶ 记事本中保存操作:选择【文件】|【保存】命令,或按 Ctrl+S 组合键,打开【另存为】对话框,设置文件的保存路径和文件名后单击【保存】按钮即可。

▶ 写字板中保存操作:单击【写字板】

按钮 ▦▾,从弹出的快捷菜单中选择【保存】命令,同样打开【另存为】对话框,设置文件的保存路径和文件名后单击【保存】按钮即可。

▶ Word 2010 中保存操作:在快速访问工具栏中单击【保存】按钮,或者单击【文件】按钮,从弹出的快捷菜单中选择【保存】命令,同样打开【另存为】对话框,设置文件的保存路径和文件名后单击【保存】按钮即可。

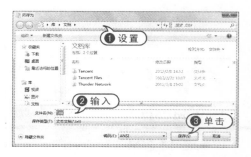

注意事项

若对文档进行保存后又对输入的文本进行了修改,此时再执行保存操作,则不会打开【另存为】对话框,系统将直接对文档进行保存操作,且该文档的保存位置及名称也不会发生变化;要另外保存文档,必须执行另存为操作,即在弹出的【文件】菜单中选择【另存为】命令,打开【另存为】对话框,在其中设置路径和名称,单击【保存】按钮,则系统会在指定位置重新保存一个文档。

1.3　安装与使用五笔输入法

由于五笔字型输入法不是 Windows 7 操作系统自带的汉字输入法,用户在使用之前需要将其安装到电脑中才能正常使用。

1.3.1　安装五笔输入法

通常情况下,电脑用户都会将 Office 系统办公软件安装到电脑中,而该软件安装光盘中也提供了五笔输入法的安装包。因此,五笔输入法的安装程序可以从 Office 安装

光盘中得到,或者用户也可以购买相关的产品光盘。下面将具体介绍安装五笔输入法的操作步骤。

【例1-2】通过五笔输入法的安装包来安装五笔输入法。🎬 视频

01 在【计算机】窗口中找到五笔输入法安装文件所在目录,双击安装文件图标。

专家指点

使用自定义安装的方法安装 Office 2010 软件,此时五笔输入法也将被安装到电脑中。

02 系统自动打开【王码五笔型输入法安装程序】对话框,选中【86版】和【98版】复选框,单击【确定】按钮,即可开始执行安装操作。

03 安装完毕后弹出【安装完毕】提示框,单击【确定】按钮。

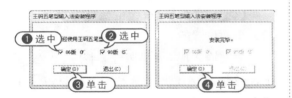

04 五笔输入法安装结束后,在语言栏显示王码五笔型输入法 86 版和 98 版。

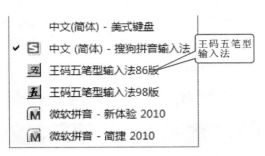

注意事项

用户也可以上网下载五笔输入法的安装包。上网下载是最便捷的方法。下载五笔输入法的地址:华军软件园(http://www.onlinedown.net/)和天空软件站(http://www.skycn.com/)。

1.3.2 添加和删除五笔输入法

在安装了五笔输入法后,若由于某些原因而无法显示所安装的输入法,或者显示多个同版的输入法,此时用户就可以根据需要添加或删除输入法。

【例1-3】在 Windows 7 操作系统中添加王码五笔 86 版和 98 版,然后将王码五笔 98 版删除。🎥视频

01 右击任务栏右侧的输入法图标按钮,在弹出的菜单中选择【设置】命令,打开【文本服务和输入语言】对话框。

02 打开【常规】选项卡,如果在【已安装的服务】列表框中没有看到五笔输入法,则单击【添加】按钮。

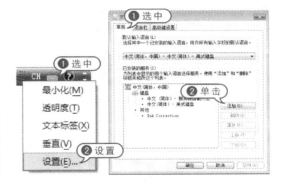

03 打开【添加输入语言】对话框,在【键盘】树状结构中选中【王码五笔型输入法 86 版】和【王码五笔型输入法 98 版】复选框,单击【确定】按钮。

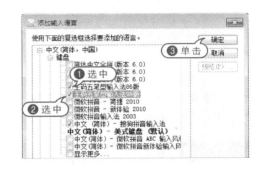

04 此时所添加的输入法将显示在输入法

列表中,单击【确定】按钮则完成设置。

05 在语言栏中单击输入法图标按钮▦,此时在弹出的菜单中将显示已添加的输入法。

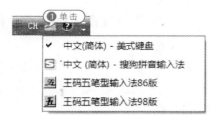

06 使用同样的方法,打开【文本服务和输入语言】对话框的【常规】选项卡,在输入法列表中选择要删除的【王码五笔型输入法98版】选项,然后单击右侧的【删除】按钮,再单击【确定】按钮。

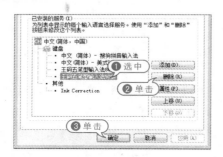

07 在语言栏中单击输入法图标按钮▦,此时在弹出的菜单中不显示王码五笔输入法98版。

- ✓ 中文(简体) - 美式键盘
- Ⓢ 中文 (简体) - 搜狗拼音输入法
- 团 王码五笔型输入法86版

1.3.3　选择五笔输入法

单击任务栏右下角的输入法图标▦,从

弹出的菜单中选择【王码五笔型输入法86版】命令,即可切换至王码五笔型输入法86版。此时,在任务栏的上方即可看到五笔输入法的状态窗口。

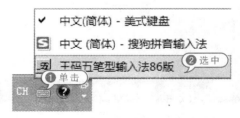

🔼 五笔型 🌙 ⁔ ▦

专家指点

用户还可以按 Ctrl＋Shift 组合键在输入法中进行切换,从而选择五笔输入法。

1.3.4　全/半角状态切换

【全/半角切换】按钮主要是为字符间距的大小而设置的。

中文输入时,如果处于【半角】状态🌙下,字符间距小,此时输入的字符只占半个汉字的位置(即占 1 个字节);如果处于【全角】状态●下,字符间距大,此时输入的字符占一个汉字的位置(即占 2 个字节)。用户可以根据需要,单击【全/半角切换】按钮或者按下 Shift＋Space 组合键在两种状态之间进行切换。

🔼 五笔型 🌙 ⁔ ▦ ➡ 🔼 五笔型 ● ⁔ ▦

1.3.5　中/英文输入法切换

当五笔输入法的状态窗口最前面的【中英文切换】按钮图标为🔼时,表示目前处于中文输入状态。单击该【中英文切换】按钮使图标变为 Ⓐ 时,则表示目前处于英文输入状态。

🔼 五笔型 🌙 ⁔ ▦ ➡ Ⓐ 五笔型 🌙 ⁔ ▦

此外,还可以使用 Caps Lock 键进行中文与英文之间切换。

1.3.6 中/英文标点符号切换

中英文的标点符号有所不同。例如,英文的句号是“.”,中文的句号是“。”。

在五笔输入法状态窗口中,单击【中英文标点切换】按钮,或者按下 Ctrl+“.”组合键,即可进行中文标点与英文标点之间的切换。

1.4 实战演练

本章的实战演练部分包括安装万能五笔输入法和在写字板中使用万能五笔两个综合实例操作,用户通过练习从而巩固本章所学知识。

1.4.1 安装万能五笔输入法

【例 1-4】在 Windows 7 操作系统中安装万能五笔输入法。 视频

01 打开安装程序所在的文件夹,选中万能五笔输入法安装程序并双击。

02 打开【欢迎使用万能五笔安装向导】对话框,单击【下一步】按钮。

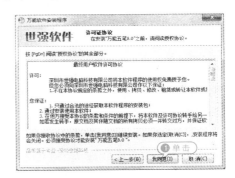

03 打开【许可证协议】对话框,在列表框中仔细阅读用户软件许可协议及其规则后,单击【我同意】按钮。

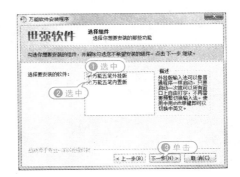

04 打开【选择组件】对话框,选中所有的版本,单击【下一步】按钮。

05 根据安装提示,逐步单击【下一步】按钮,直至打开【选择是否全新安装】对话框,选中【全新安装】单选按钮,单击【下一步】按钮。

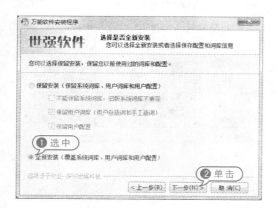

06 打开【选择安装文件夹】对话框,保存默认路径,单击【安装】按钮。

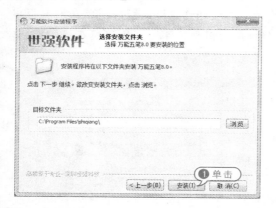

07 开始安装万能五笔输入法,并显示安装进度。

08 安装完成后,系统自动打开完成安装向导对话框,单击【完成】按钮即可。

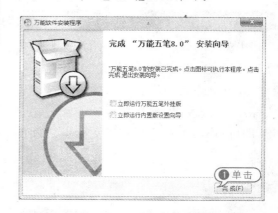

1.4.2 在写字板中使用万能五笔

【例1-5】启动写字板打字练习软件,并使用万能五笔开始打字。
📀视频+素材(光盘素材\第01章\例1-5)

01 单击【开始】按钮,从弹出的【开始】菜单列表中选择【所有程序】|【附件】|【写字板】选项,启动写字板应用程序。

02 在任务栏右侧单击输入法图标按钮,从弹出的菜单中选择【中文(简体)—万能五笔输入法】选项,切换至万能五笔输入法。

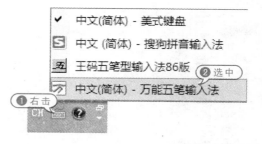

03 在写字板的插入点处依次按键盘中的

R、S、P键位,此时输入框中将显示词组。

04 按B键位,此时会在插入点处自动输入词组"打字"。

05 单击 按钮,从弹出的快捷菜单中

选择【保存】命令,打开【另存为】对话框。

06 设置保存路径,并在【文件名】中使用万能五笔输入法输入文本"打字成果",然后单击【保存】按钮。

1.5 专家答疑

一问一答

问:如何隐藏和显示任务栏中的语言栏?

答:在任务栏中右击语言栏,从弹出的快捷菜单中选择【设置】命令,打开【文本服务和输入语言】对话框,切换至【语言栏】选项卡,选中【隐藏】单选按钮,单击【确定】按钮,此时语言栏将被隐藏,任务栏中不再显示语言栏。若要显示被隐藏的语言栏,可以在【控制面板】窗口的【时钟、语言和区域】选项区域中单击【更改显示语言】链接,打开【区域和语言】对话框中的【键盘和语言】选项卡,单击【更改键盘】按钮,打开【文本服务和输入语言】对话框,切换至【语言栏】选项卡,选中【停靠于任务栏】单选按钮,单击【确定】按钮即可。

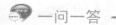

一问一答

问:如何改变语言栏的位置?

答:右击任务栏上的语言栏,从弹出的快捷菜单中选择【还原语言栏】命令,或者单击语言栏上的【还原】按钮 ,将语言栏还原到桌面中。此外,还可以改变语言栏在桌面中的位置,将鼠标光标移动到语言栏的左端,当鼠标指针变成 形状时按住鼠标左键不放,将其拖动到目标位置后释放鼠标即可。

一问一答

问:如何使用五笔输入法的寻求帮助?

答:在使用电脑的过程中遇到不懂的问题,可以按 F1 键来寻求帮助,但是使用五笔输入法时,按 F1 键不能打开帮助窗口,只能通过输入法状态窗口来寻求帮助。右击输入法状态窗口,从弹出的快捷菜单中选择【帮助】|【输入法入门】命令,打开【王码五笔输入法 86 版帮助】窗口,在【目录】选项卡的列表框中双击想要查看的主题,然后单击要查看的文件,则将在右侧的窗格中显示文件内容;在【索引】选项卡的【键入要查找的关键字】文本框中输入要搜索的关键字,然后单击【显示】按钮,将会在右侧的窗格中显示信息,单击相应的链接即可查看详细的帮助信息。

一问一答

问:如何设置在语言栏上显示文本标签?

答:在语言栏中右击输入法图标,从弹出的快捷菜单中选择【设置】命令,打开【文字服务和输入语言】对话框,切换至【语言栏】选项卡,选中【在语言栏上显示文本标签】复选框,单击【确定】按钮,此时即可在语言栏中显示文本标签。

第2章

学打字先学键盘与指法

　　键盘是录入字母与汉字等各种信息的基本工具,任何一个打字高手,都是从熟练操作电脑键盘开始。只有对键盘了如指掌,才能做到"键步如飞"。熟练指法是实现快速输入汉字的基础。

例 2-4　在写字板上输入英文歌

2.1 认识电脑键盘

若要达到快速打字的水平,必须熟练操作键盘。在操作键盘前,首先必须认识并了解键盘的结构和布局,只有将键盘上各键的位置烂熟于胸,才能做到打字时"键步如飞"。

2.1.1 认识键盘结构

键盘和鼠标一样,也是重要的电脑输入设备之一。用户通过键盘输入电脑能够识别的信息,以此来控制电脑进行各种工作,如通过键盘打字等。键盘是由一组排列成阵列的按键开关组成的。

目前使用的键盘大多数都是 107 键的通用扩展键盘,下面以该键盘为例介绍电脑键盘的组成。根据键盘各键功能可以将键盘分为 4 个键位区,即主键盘区、功能键区、编辑控制键区、数字键区(又称小键盘区),以及 1 个状态指示灯区。

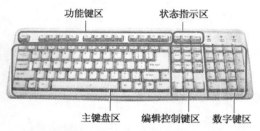

功能键区　　　　状态指示区

主键盘区　　编辑控制键区　数字键区

注意事项

随着电脑技术的发展,键盘的形状及功能都越来越符合用户的需求。目前常用的键盘有 101 键、104 键、107 键,虽然键盘上的键数目不同,但是键盘上基本的按键并没有发生很大的变化。

2.1.2 主键盘区

主键盘区,又称打字键区,是键盘中最

重要的区域,也是 4 个键位区中键数最多的区域。该区域一共有 61 个键,其中包括 26 个字母键、21 个数字符号键和 14 个控制键,主要用于输入英文字母、数字和符号。

1. 字母键

字母键的键面是刻有英文大写字母 A～Z。键位安排与英文打字机完全相同,每个键可打大小写两种字母。通过 Caps Lock 键或者 Shift+字母组合键,可以对字母键进行大小写切换。字母键是学习五笔打字必须熟练掌握的一个键区,其位置必须牢记心中。

2. 控制键

控制键中,Shift、Ctrl、Alt 和 Win 键各有两个,它们在主键盘区的两边对称分布。此外,还有 Back Space 键、Tab 键、Enter 键、Caps Lock 键、空格键和右键菜单键。各键的功能如下所述。

▶ Back Space 键:该键统称为退格键,位于打字键区的最右上角。按下该键可使光标左移一个位置,同时删除当前光标位置上的字符。通常情况下,使用该键来删除光标前面的字符。

▶ Tab 键：Tab 是英文 Table 的缩写，该键统称为制表定位键，用于使光标向左或右移动一个制表的距离。实际上每按下一次该键，光标向右移动 8 个字符。

▶ Enter 键：该键统称为确认键或回车键，是使用频率最高的键，主要用于结束当前的输入行或命令行，或接受当前的状态。按下该键表示开始执行所输入的命令，而在录入时按该键后光标移至下一行。

▶ Caps Lock 键：该键统称为大写字母锁定键，主要用于控制大小字母的输入。按下该键时，可将字母键锁定为大写状态，而对其他键没有影响；当再次按下此键时，即可解除大写字母锁定状态。

▶ Space 键：该键统称为空格键，是键盘上最长的一个键。按下该键，光标向右移动一个空格，即输入一个空格字符。在输入中文时，空格键经常作为最后一个字符输入，表示该汉字编码已经结束。

▶ Shift 键：该键统称为换挡键，专门控制输出双字符键的上挡符号。该键通常与其他双字符、字母键组合使用。按下此键后，字母键均处于大写字母状态，双字符键处于上挡符号状态。例如，要输入"？"号，应按下 Shift 键的同时按"/"键。

▶ Ctrl 键：该键统称为控制键，是一个供发布指令的特殊功能键。Ctrl 是英文 Control 的缩写。该键用于和其他键组合使用，可完成特定的控制功能。

▶ Alt 键：该键统称为转换键，也是一个特殊的控制键。Alt 是英文 Alternating 的缩写。该键和 Ctrl 键的用法相似，不单独使用，在与其他键组合使用时产生一种转换状态。在不同的工作环境下，Alt 键转换的状态也不同。

▶ Win 键：标有 Windows 图标的键，也称 Windows 键。在 Windows 7 操作系统中，任何时候按下该键都会弹出【开始】菜单。

▶ 右键菜单键：该键位于标准键区右下角的 Win 键和 Ctrl 键之间。在 Windows 7 操作系统中，按下此键后会弹出相应的快捷菜单，相当于鼠标右击操作，位置不同，弹出的快捷菜单也不同。

专家指点

在输入或编辑文档时，控制键与字母键结合使用可完成特定操作。例如，Ctrl＋C（复制），Ctrl＋V（粘贴），Ctrl＋Z（撤销），Ctrl＋X（剪切），Ctrl＋A（全选）。

3. 数字与符号键

每个数字与符号键的键面上都刻有一上一下两种符号，因此又称双字符键。上面的符号被称为上挡符号，下面的符号被称为下挡符号。双字符键包括数字、运算符号、标点符号和其他符号，主要用于输入阿拉伯数字和常用的标点符号。

注意事项

如果用户需要输入双字符键上的上挡符号，则需先按住 Shift 键，再按下相应的键，即 Shift＋上挡符号组合键；如果用户需要输入双字符键上的下挡符号，则直接按相应的键即可。

2.1.3 功能键区

功能键区位于键盘的最上方，包括 Esc 键、F1～F12 键和 3 个功能键。功能键区各键的功能如下。

▶ Esc 键：该键统称为强行退出键或取消键，用于放弃当前的操作或结束某个程序。

▶ F1～F12 键：统称为功能键，这 12 个功能键在不同的应用软件和程序中有各自不同的定义。

▶ Wake Up 键：统称为恢复键，用于使电脑从睡眠状态恢复到初始状态。

▶ Sleep 键：统称为休眠键，可以使电脑处于睡眠状态。

▶ Power 键：统称为关闭键，用于关闭电脑的电源。

专家指点

在不同的应用程序中，F1～F12 键的功能有所不同，它们在 Word 2010 中的功能表现如下表所示：

功能键	功能
F1	获取帮助
F2	移动文字或图形
F3	插入自动图文集词条（前提是在 Word 显示该词条之后）
F4	重复上一步操作
F5	执行定位操作
F6	前往下一个窗格、工作界面区域、功能选项卡、功能组或功能按钮
F7	执行拼写和语法操作
F8	扩展所选内容
F9	更新选定的域
F10	激活功能选项卡
F11	前往下一个域
F12	执行另存为操作

注意事项

一般情况下，按 F1 键可启动帮助系统，按 F2 键可对选中图标重命名。F1～F12 键也可与其他控制键组合使用，例如按 Alt＋F4 组合键可退出程序。

2.1.4 编辑控制键区

编辑控制键区位于主键盘区和数字键区之间，一共有 13 个键。编辑控制键区各

键具体功能如下。

▶ Print Screen Sys Rq 键：屏幕打印键，用于将屏幕的内容输出到剪贴板或打印机。

▶ Scroll Lock 键：屏幕锁定键，在 Dos 状态下按下该键使屏幕停止滚动，直到再次按下此键为止。

▶ Pause Break 键：暂停键，用于使正在滚动的屏幕显示停下来，或是用于终止某一程序的运行；同时按下 Ctrl 键和 PauseBreak 键，可强行终止程序的运行。

▶ Insert 键：插入键，用来转换插入和替换字符状态。按下该键，可以在插入和改写字符状态之间进行切换。

▶ Home 键：起始键，用于使光标直接移至行首。按下该键，光标移至当前行的行首；同时按下 Ctrl 键和 Home 键，光标移至当前页的首行行首。

▶ End 键：终止键，用于使光标直接移至行尾。按下该键，光标移至当前行的行尾；同时按下 Ctrl 键和 End 键，光标移至当前页的末行行尾。

▶ Page Up 键：向前翻页键，用于上翻显示屏幕前一页的信息。

▶ Page Down 键：向后翻页键，用于下翻显示屏幕后一页的信息。

▶ Delete 键：删除键，用于删除光标右侧的一个字符。

▶ "↑"、"↓"、"←"、"→"键：称为光标移动键，用于将光标移至 4 个不同的方向。

专家指点

通过编辑控制键区中的各键可以控制光标所在的位置。按下"↑"、"↓"、"←"、"→"这 4 个方向键中的任意键，只能移动光标，不带动文字。

2.1.5 数字键区

数字键区位于键盘的右下角，又称为小键盘区，主要用于快捷输入数字。一共有 17 个键，包括 10 个数字键、Num Lock 键、Enter 键和符号键。其中大部分按钮都是双字符键，上挡符号是数字，下挡符号具有编辑和光标控制功能。上下挡的切换由 Num Lock 键来实现。

专家指点

在键盘右侧设计了小键盘区的数字键，主要是为了财会和银行工作人员操作方便，常用于进行数据录入或简单加、减、乘、除运算。

2.1.6 状态指示灯区

状态指示灯区位于小键盘区的上方，该区域一共有 3 个指示灯，主要用于提示用户键盘目前的工作状态。

状态指示灯区中的 3 个指示灯的具体功能如下所述。

▶ Num Lock（即键盘上的 1 灯）：灯亮表示可以用小键盘区输入数字，否则只能使用下挡符号。

▶ Caps Lock（即键盘上的 A 灯）：灯亮表示按字母键时输入的是大写字母，否则输入的是小写字母。

▶ Scroll Lock（即键盘上的"锁定"灯）：灯亮表示在 Dos 状态下不能滚动显示屏幕，否则可以滚动显示屏幕。

注意事项

Scroll Lock 一般没有用，只是在打开的某些软件中配合 Ctrl 键起到中断正在执行的程序的作用。

2.2 键盘的操作和指法要领

键盘是用户向电脑下达命令、输入数据的工具，能否快速而准确地输入信息，直接影响用户的工作效率。熟练操作键盘是学习打字的第一步，而在操作键盘之前，必须先掌握键盘的操作规则，如基准键位、指法分工、正确的打字坐姿、击键要领和指法要领等。

2.2.1 认识基准键位

在使用键盘按键之前，双手需要固定在一个位置上，且按下按键后，应立即还原到固定的位置准备下一次击键。这些手指放置的固定位置就叫"基准键位"。

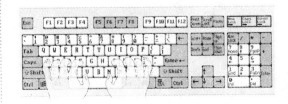

基准键位位于主键盘区的第三行，包括 A、S、D、F、J、K、L 和";"8 个键。其中，F 键和 J 键称为原点键或者定位键，该键上均有一个"短横线"或"小圆点"，用于定位手指在键盘上的分布，便于用户快速地触摸定位。F 键和 J 键分别固定左右手的食指，其余 6 个手指依次放下就能找到基准键位。即左手小拇指、无名指、中指和食指分别放在 A、S、D、F 键上；右手食指、中指、无名指和小拇指分别放在 J、K、L 和";"键上。

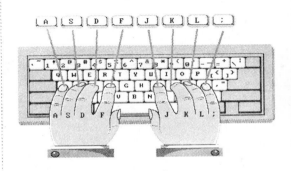

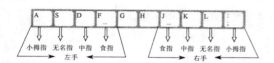

2.2.2　十指键位分工

十指键位分工，又称指法分工，是指双手手指和键位的搭配。键盘上的字符分布是根据字符的使用频率确定的，将键盘一分为二，左右手分管两边，每个手指负责击打一定的键位。即将字母键及一些符号键划分为8个区域，分别分配给大拇指外的8个手指，而双手大拇指则只负责空格键的敲击。利用手指在键盘上合理地分工以达到快速、准确地敲击键盘的目的。

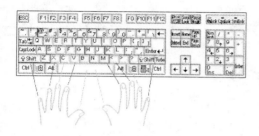

1.　左手手指分工

小拇指分管5个键：1、Q、A、Z和左Shift键，此外还负责左边的一些控制键。

无名指分管4个键：2、W、S和X。

中指分管4个键：3、E、D和C。

食指分管8个键：4、R、F、V、5、T、G和B。

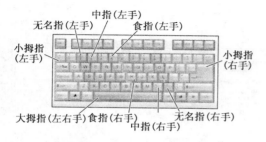

2.　右手手指分工

小拇指分管5个键：0、P、";"、"/"和右

Shift键，此外还负责右边的一些控制键。

无名指分管4个键：9、O、L和"."。

中指分管4个键：8、I、K和","。

食指分管8个键：6、Y、H、N、7、U、J和M。

注意事项

在基准键位的基础上，对于其他字母键则采用与8个基准键的键位相对应的位置来记忆。凡在斜线范围内的字母键，都必须由规定手的同一手指管理，这样既便于操作，又便于记忆。

3.　大拇指分工

大拇指专门击打空格键。当右手击完字符键需按空格键时，用左手大拇指击打空格键；反之，则用右手大拇指击打空格键。用户可根据习惯，自己控制击键方式。

专家指点

除大拇指外，其余手指都负责一部分键位。击键时，手指上下移动，指头移动的距离最短，错位的可能性最小且平均速度最快。基准键位所在的行离其他行的平均距离最短，因此手指应一直放在基准键上。当击打其他键位时，手指移动击键后必须立即返回到基准键位上，再准备击打其他键位。

2.2.3　正确的打字姿势

正确的打字姿势可以使用户击键稳、准确且有节奏，还可以更好地保护用户的视力，减轻身体的疲劳，从而提高工作效率。

初学打字时，首先应掌握正确的打字姿势，电脑显示器和键盘应处于用户的正前方，当目光平视时大约落在屏幕的上沿。下面介绍正确的键盘操作姿势。

▶ 坐姿：上半身应保持颈部直立，使头部获得支撑；下半身腰部挺直，膝盖自然弯曲成 90°，并维持双脚着地的坐姿；整个身体稍偏于键盘右方并保持向前微微倾斜，身体与键盘的距离保持约 20 cm。

➤ 手臂、肘和手腕的位置：两肩自然下垂，上臂自然下垂贴近身体，手肘弯曲成 90°，肘与腰部的距离为 5～10 cm；小臂与手腕略向上倾斜，手腕切忌向上拱起，手腕与键盘下边框保持 1 cm 左右的距离。

➤ 手指位置：尽量使手腕保持水平姿势，手掌以手腕为轴略向上抬起，手指略微弯曲下垂，并轻放在基准键位上，左右手大拇指轻放在空格键上。

➤ 输入要求：将书稿稍斜放在键盘的左侧，使视线和书稿文本之间保持平行；打字时不看键盘，只专注书稿或屏幕，力求实现"盲打"。

专家指点

"盲打"是一种触觉输入技术，是通过手指的条件反射，熟练、迅速而又有节奏地弹击键盘。操作者眼睛集中在书稿上而不能在键盘上，即眼到手起，将书稿中的汉字或字符输入电脑并显示到屏幕上。要掌握这门技术，必须遵守操作规范，按照训练步骤循序渐进，多加练习。若操作者经常"忍不住"看键盘，就会成为"键步如飞"的绊脚石。

2.2.4 击键要领

在打字时，掌握正确的击键要领非常重要，它直接影响着打字的速度。下面将详细介绍键盘中常用键位的击键要领。

1. 字母键或字符键的击法

在击打字母键或字符键时，要点介绍如下。

➤ 手腕保持平直，手臂保持静止，全部动作只限于手指部分。

➤ 手指保持弯曲稍微拱起，指尖第 1 关节略成弧形，轻放在基本键的中央。

➤ 击键时，只需伸出要击键的手指，击键完毕必须立即回位，以便再次"出击"。

➤ 切忌触摸键或停留在非基准键键位上；击键要迅速果断，不能拖拉犹豫；在看清文件单词、字母或符号后，手指果断击键而不是长时间按键。

➤ 击键时频率要均匀，并有节奏。

2. 空格键的击法

在击打空格键时，要点介绍如下。

➤ 将左、右手大拇指迅速垂直向上抬 1～2 cm，然后向下击打空格键，输入空格。

➤ 当使用左手击打 F 键后，使用右手大拇指击打空格键。

➤ 当使用右手击打 J 键后，使用左手大拇指击打空格键。

3. 编辑控制键的击法

在击打编辑控制键时，要点介绍如下。

➤ 使用右手中指击打"↑"和"↓"键，食指击打"←"键，无名指击打"→"键。

➤ 在关闭小键盘的 Num Lock 指示灯后，将右手中指放在 5 键上定位，用于击打"↑"和"↓"键，食指击打"←"键，无名指击打"→"键（小键盘区中其余按键依次类推）。

➤ 采用就近原则，在主键盘左侧的编

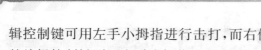
辑控制键可用左手小拇指进行击打,而右侧的编辑控制键则用右手小拇指进行击打。

4. 功能键的击法

在击打功能键时,可根据手指在键位的分配进行击打。例如,F1键可以使用左手无名指进行击打,其余功能键则依次类推。

2.2.5 指法要领

在进行指法训练打字时,必须遵循以下要领。

▶ 操作姿势必须正确,手腕须悬空;切忌弯腰低头,也不要把手腕、手臂靠在键盘上。

▶ 严格遵守指法的规定,明确手指分工,养成正确的打字习惯。

▶ 手指击键必须靠手指和手腕的灵活运动,切忌靠整个手臂的运动来找键位,手指击键时的力量来自于手腕。

▶ 每个手指在击完键后必须立刻返回到对应的基准键位上。

▶ 击键时力量应适度,过重易损坏键盘和产生疲劳,过轻则会导致错误率增加。

▶ 击键时需保持一定的节奏,不要过快或过慢。

2.3 不同键位的指法练习

打字的速度和准确率取决于用户对指法的熟练程度。用户在指法训练时一定要遵循指法要点,认真完成键盘指法的练习。开始时不要急于求成,应放慢速度,随着练习的增加和时间的推移,将会发现自己已在不知不觉中掌握了盲打技术。

2.3.1 基本键位指法练习

用户首先要熟悉手指在键盘中的位置,有条不紊地按照手指分工原则击打基本键位。

1. 基准键位的练习

在使用键盘之前,双手手指应固定在基准键位上,随时待命。在练习基准键位时,应按规定把手指分布在基准键位上,有规律地练习每个手指的指法和键感,同时要学会击打空格键和 Enter 键。

`Caps Lock | A | S | D | F | G | H | J | K | L | ; | ' | Enter`

按照指法的键位分工以及正确的击键方法,可以在记事本中进行如下基准键位的练习(如果要换行,击打回车键)。

注意事项

指法练习需要多上机实践,通过练习一定会使指法熟练程度得到提高。

▶ 左右手食指练习 1

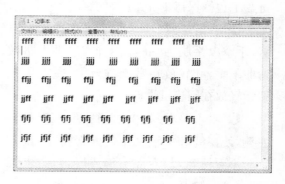

▶ 左右手中指练习 2

▶ 左右手无名指练习3

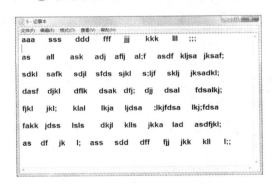

▶ 左右手小指练习4

▶ 基准键位综合练习5

2. G 键和 H 键指法练习

G、H 键位于基准键位的中间,根据键盘规则,G 键由左手食指控制,H 键由右手食指控制。

输入 G 时,将放在 F 键的左手食指向右移一个键位的距离击打 G 键,击毕后手指立即放回基准键 F 键上;同样,输入 H 时,将放在 J 键的右手食指向左移一个键位的距离击打 H 键。

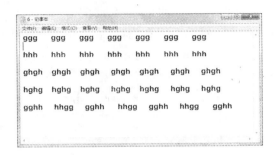

按照指法的键位分工以及正确的击键方法,可以在记事本中进行如下练习。

▶ G 键和 H 键指法练习6

▶ G、H 键与其他键位综合练习7

3. 上排键位指法练习

上排键位位于基准键位上方,包括 10 个字母键,分别为 Q、W、E、R、T、Y、U、I、O 和 P 键。

根据键盘分区规则,规定:Q 键由左手小拇指控制,P 键由右手小拇指控制;W 键由左手无名指控制,O 键由右手无名指控制;E 键由左手中指控制,I 键由右手中指控制;R、T 键由左手食指控制,Y、U 键由右手食指控制。

输入 Q 时,放在 A 键的小拇指向前(微向左)伸出击 Q 键,击毕立即缩回;输入 W

时，放在 S 键的无名指向前（微向左）伸出击 W 键即可；输入 E 时，放在 D 键的左手中指向前（微向左）伸出击 E 键即可；输入 R 时，放在 F 键的左手食指向前（微向左）伸出击 R 键即可；输入 T 时，放在 F 键上的左手食指向前（微向右）伸出击 T 键即可；输入 Y 时，放在 J 键的右手食指向前（微向左）击 Y 键即可；输入 U 时，右手食指向 Y 键的右方移动一个键位的距离即可；输入 I 时，原在 K 键的右手中指向前（微向左）伸出击 I 键即可；输入 O 时，放在 L 键的无名指向前（微偏左）伸出击 O 键即可；输入 P 时，放";"键的右手小拇指向前（微向左）伸，出击 P 键即可。在输入字母的同时，其他手指保持在原位置。

按照指法的键位分工以及正确的击键方法，可在记事本中进行如下上排键位的练习。

▶ 上排键位指法练习 8

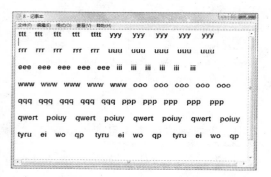

▶ 上排键位与其他键位综合练习 9

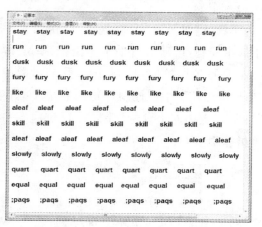

4. 下排键位指法练习

下排键位位于基准键位下方，包括 12 个键位，分别为 Z、X、C、V、B、N、M、","、"."、"/"和两个 Shift 键。

输入 Z 时，用放在 A 键的左手小拇指向内（微偏右）屈伸击 Z 键；输入 X 时，放在 S 键的左手无名指向内（微偏右）屈伸击 X 键；输入 C 时，放在 D 键的左手中指向内（微偏右）屈伸击 C 键；输入 V 时，放在 F 键的左手食指向内（微偏右）屈伸击 V 键；输入 B 时，左手食指比输入 V 时再向右移一个键位的距离击 B 键；输入 M 时，放在 J 键的右手食指向内（微偏右）屈伸击 M 键；输入 N 时，放在 J 键的右手食指向内（微偏左）屈伸击 N 键。击键完毕后，手指返回到基准键位上。

另外，下排键位的左右两个 Shift 键分别用左、右手的小拇指敲击；","、"."和"/"键分别用右手的中指、无名指及小拇指敲击。如果要输入这 3 个键的上挡符号，则用左手按住 Shift 键的同时按相应原键位即可。

按照指法的键位分工以及正确的击键方法，可在记事本中进行如下下排键位的练习。

▶ 下排键位指法练习 10

▶ 下排键位与其他键位综合练习 11

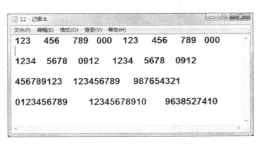

5. 数字(符号)键位指法练习

打字键区的数字(符号)键位于打字键区的首行。1、2、3、4、5 键分别用左手的小拇指、中指、无名指、食指和食指敲击;6、7、8、9、0 键分别用右手的食指、食指、中指、无名指和小拇指敲击;"～"符号键位由左手小拇指敲击;"－"、"＝"符号键由右手小指敲击。如果要输入上挡符号,则按住 Shift 键的同时按相应原键位即可。

击 1 键时,将 A 键上的左手小拇指向上移动(偏左),越过 Q 键弹击,击毕立即返回;如输入"!"号,则用右手小拇指按住 Shift 键同时再弹击 1 键。其余数字(符号)键的击法依次类推。

按照指法的键位分工以及正确的击键方法,可以在记事本中进行如下数字(符号)键位练习。

▶ 数字键位指法练习 12

▶ 特殊符号键位指法练习 13

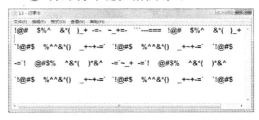

2.3.2 英文大、小写指法练习

在输入单个大写字母时,如果所输入的字母由右手负责,可用左手小拇指按左边的 Shift 键,输入完毕立即松开小拇指,返回到基准键 A 上;如果所输入的字母由左手负责,可用右手小拇指按右边的 Shift 键,输入完毕立即松开小拇指,返回到基准键";"上。

要全部输入大写字母,可首先用左手小拇指按下 Caps Lock 键,则以后输入的字母将全部为大写字母;再按一次按下该键恢复为小写字母输入方式。

根据大写和小写输入的操作方法,可以在记事本中快速地练习大、小写字母切换输入。

▶ 英文小写指法练习 14

▶ 英文大写指法练习 15

▶ 英文大、小写综合练习 16

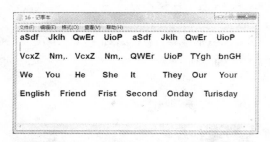

专家指点

打字键区的 Caps Lock 键在键盘上的基准键位的左侧第一个位置，该键只对字母键起到锁定作用（即用于大小写之间切换），而对其他键没有影响。初级阶段的练习即使速度慢，也一定要保证输入的准确性。

2.3.3 数字键位指法练习

数字键盘（或小键盘区）用来快速地输入数字，使用小键盘只需用右手操作即可。数字键区的基准键是 4、5 和 6 这 3 个键，将右手食指放在 4 键位上，中指放在 5 键位上，无名指放在 6 键上，1、4、7 由右手食指控制，2、5、8、"/"由右手中指控制，3、6、9、" * "、"."由右手无名指控制，Enter 键、"+"、"—"由右手小拇指控制，0 键由右手大拇指控制。

按照指法的键位分工以及正确的击键方法，可以在记事本中进行如下数字键位练习。

▶ 数字键位指法练习 17

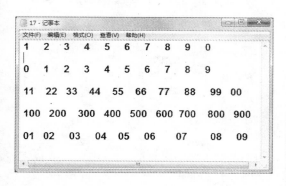

▶ 数字键位指法综合练习 18

/1.23456789		*2.36578910		/0.123456789
7/7	1/10	1/2	5/98	9/14
1-1	1-2	1-3	1-4	1-5
1+2	1+6	4+8	9+7	3+8
7*9	3*5	5*6	3*8	9*5

注意事项

电脑数据录入一般分为纯数字录入和西文、数字混合录入，其中纯数字录入指法分两种：一种是通过打字键区的数字键进行录入，此时应与基准键位对应输入；另一种是通过小键盘区的数字键进行录入。

2.3.4 特殊字符指法练习

在主键盘区中共有 11 个标点符号键，除了前面介绍的";"、","、"."、"/"这 4 个标点符号键外，还有其他 7 个标点符号键。

其中，"~"符号键位由左手小拇指负责控制，减号"—"、加号"+"、斜扛号"\"、括号"{}"和"[]"、引号"""和"'"符号键由右手小拇指负责控制。各个标点符号键由上、下挡符号组成，如果要输入上挡符号，则应按住 Shift 键的同时按相应原键位。

按照指法的键位分工以及正确的击键方法，可以在记事本中进行如下练习。

▶ 特殊字符与其他键位综合练习 19

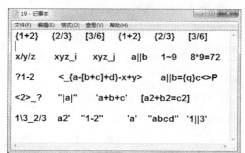

2.4 使用金山快快打字通练习键盘指法

使用专业的指法练习软件——金山快快打字通可以辅助练习键位的指法,从而快速地提高打字的速度和效率。

2.4.1 英文打字练习

对于初学者而言,练习指法应该从基础练习开始。金山快快打字通为不同级别的用户提供了不同等级的键位指法练习,其目的是让用户能够循序渐进地提高文字输入水平。

【例2-1】使用金山快快打字通全力练习英文打字。

01 单击【开始】按钮,从弹出的【开始】菜单列表选择【所有程序】|【金山打字通 2011 SP3】|【金山打字通 2011 SP3】命令,启动金山打字通。

02 进入金山打字通主界面,单击【英文打字】按钮。

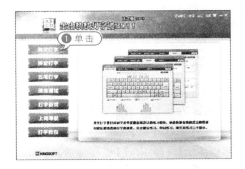

03 进入英文打字界面,系统默认打开【键位练习】选项卡,在【标准键盘】上方则显示输入的字母键,下方是按键的指法,要输入字母 A,应该使用左手无名指按 A 键。

04 按照字母键的提示,按键盘上对应的字母键进行键位初级练习。

05 单击界面右侧【课程选择】按钮,打开【课程选择】对话框,在列表框中选择一个键位课程选项,然后单击【确定】按钮。

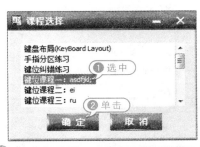

注意事项

当按错键位时,【标准键盘】上方字母键不会自动跳转到下一个,始终显示按错的那个字母键。只有当按键正确后,才能进行下一个字母键的指法练习。

06 在随后打开的课程练习窗口中，使用同样的按键方法进一步进行练习。

07 单击【键位练习（高级）】标签，打开【键位练习（高级）】选项卡，此时在【标准键盘】上方显示一排对照练习的字母行和一排空白行，用户输入的字母将在空白行中显示。在【标准键盘】上依旧以蓝色背景来提示用户需要按下的按键。

08 使用左手小拇指按下 Caps Lock 键，然后使用同样的手指按下 A 键，在输入行中即可输入字母 A，且文本插入点自动向右移动一个字母的位置。

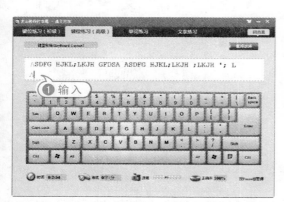

09 根据对照行提示的字母进行输入，当输入出错时在插入行中将以红色字体显示，此时文本插入点已经向后移动了一个字母的距离，而在【标准键盘】上显示的则是当前需要按下的按键。

10 这时，可以先按下 Back Space 键，将输入的错误字母删除，然后再输入对照行中对应的正确字母。

11 根据对照行的提示需要输入空格时，使用大拇指按下空格键即可输入空格，然后使用上述的方法输入后面的单词，完成一行字母的输入后，自动换行进行新一行字母的练习。

专家指点

如果想进行其他课程的键位高级练习，可以单击【课程选择】按钮，打开【课程选择】对话框，在列表框中选择需要的课程后单击【确定】按钮即可。

12 单击【单词练习】标签，打开【单词练习】选项卡，进入【单词练习】界面。

13 使用同样的方法,根据单词对照行的提示,按对应的键位输入单词。当对照行中的字母与插入行中的字母呈红色显示时,表示该字母输入错误。

14 此时用户可根据对照行的字母继续进行后面单词的输入,当完成一行单词的输入后同样会自动换行。

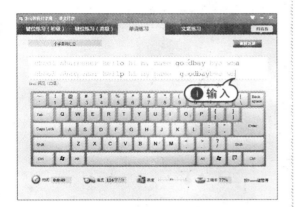

15 单击【文章练习】标签,打开【文章练习】选项卡,进入【文章练习】界面,此时界面将显示多行对照行和插入行。

16 用户可以根据对照行的单词和标点提示进行输入,当输入错误时将以红色字体显示输入错误的字母。

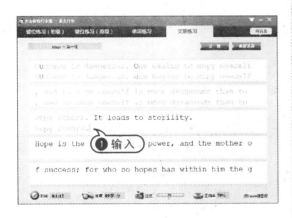

17 单击【设置】按钮,打开【设置】对话框,然后选中【多行对照】单选按钮,再单击【确定】按钮,此时界面将分为两部分,

上部分显示多行对照行,下部分显示多行输入行。

18 使用同样的按键方法,根据对照行中的提示进行文章的输入。需要注意对照行中提示的大写字母,在输入该字母时应按下 Caps Lock 键,然后再按下对照行中的对应字母;之后再次按下 Caps Lock 键,返回到小写字母输入状态。

19 英文打字练习结束后,单击界面右上角的【关闭】按钮,退出金山快快打字通。

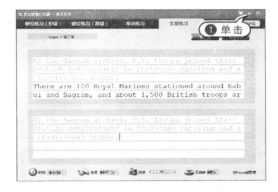

2.4.2 键盘打字游戏

金山快快打字通除了给用户提供了英文打字、拼音打字及五笔打字等练习,还设计了打字游戏,以提高用户打字的兴趣和积极性。

【例2-2】使用金山快快打字通玩转打字游戏。

01 启动金山快快打字通,进入金山打字通主界面,单击【打字游戏】按钮,显示【打字游戏】列表。

02 单击【拯救苹果】下的【快快玩】按钮,进入【快快游戏】界面,并打开【登录提示】对话框。

03 在【账户】文本框和【登录密码】中分别输入用户账户和登录密码,然后单击【登录】按钮。

注意事项

初次玩打字游戏的用户可以在右侧的【注册】区域中开始自行注册账户和密码。

04 此时系统自动弹出【温馨提示】对话框,单击【我明白了,继续】按钮。

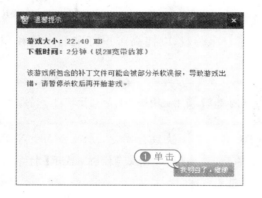

05 快快游戏软件将自动加载服务器,并下载【拯救苹果】游戏。

06 游戏下载完毕后将自动显示提示,单击【进入游戏】按钮进入游戏界面。

07 单击【开始】按钮,树上的苹果开始往地下掉,每个苹果上都标注了一个英文字母,这时就要开始拯救苹果,即按苹果上字母对应的键位。

08 按字母键位正确后,苹果就会被右下角的篮子接收;反之,按键错误或者没来得及按键,苹果就会掉落在地上。

根据游戏规则不断按苹果上标注的字母,并注意游戏过程中不要看键盘。

09 游戏结束后系统会自动弹出提示框,提示用户游戏通过。

当用户掉落的苹果太多时,系统将自动弹出"你认输吧!"文本提示框。

10 单击【继续】按钮,将继续玩这一关游戏;单击【下一关】按钮,将去玩下一关游戏;单击【结束】按钮,将退出游戏界面。

2.5 实战演练

　　本章的实战演练部分包括使用金山快快打字通练习指法和在写字板中输入英文歌两个综合实例操作,用户可通过练习从而巩固本章所学知识。

2.5.1 使用金山快快练习指法

【例2-3】在金山快快打字通中进行拼音打字练习,熟悉键盘的键位指法。

01 启动金山打字通,进入主界面后单击【拼音打字】按钮。

02 进入拼音打字练习界面后单击【课程选择】按钮,打开【课程选择】对话框。

03 选择【普通话异读词】选项,单击【确定】按钮。

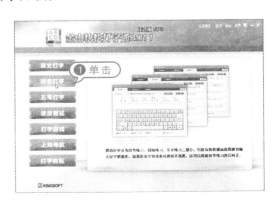

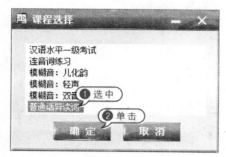

04 进入普通话异读词打字练习界面,根据中文汉语拼音提示行的提示,按第一个词语"阿姨"拼音对应的键位 A、Y、I(即左手小拇指按 A 键,右手食指按 Y 键,右手中指按 I 键),在空白插入行中输入拼音"ayi"。

05 当词语中间存在空格,这时需要用大拇指按空格键输入空格,此时文本框插入点自动向右移动一定位置。

06 使用同样的输入方式,根据对照行中提示的拼音进行键位练习,当对照行与输入行字母呈红色显示时,表示输入有误,按 Back Space 键可将输入错误的字母删除。

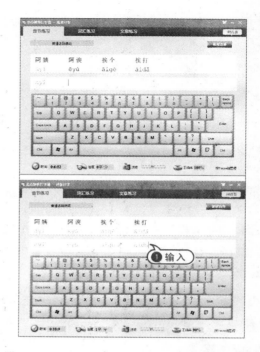

07 当完成一行拼音字母的输入后,同样按空格键换行。

08 根据对照行的提示继续按键输入字母,完成键盘指法的练习。

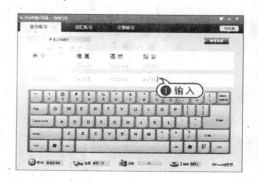

2.5.2 在写字板上输入英文歌

【例 2-4】在写字板中练习由 26 个英文字母组成的英文歌。

视频·素材 （光盘素材\第 02 章\例 2-4）

01 单击【开始】按钮，从弹出的【开始】菜单列表中选择【所有程序】|【附件】|【写字板】选项，启动写字板应用程序。

02 在光标闪烁（即插入点）处，使用左手小拇指按下 Caps Lock 键，然后继续使用该手指按 A 键，在写字板中输入字母 A。

03 使用右手大拇指按空格键将插入点向右移动一个字母的距离，再使用左手食指按下 B 键，输入字母 B。

04 根据 26 个字母歌的记忆和指法键位分

工，依次按键输入英文字母。当需要换行时，使用右手小拇指按 Enter 键换行。

05 使用右手食指按 N 键，即可输入大写字母 N，再次按下 Caps Lock 键，使用右手无名指按 O 键，然后使用左手无名指按 W 键，输入英文单词 Now。

06 使用右手大拇指按空格键将插入点向右移动一个字母的距离，再使用同样的输入方法，完成 26 个英文字母歌的输入。

07 按 Ctrl＋S 快捷键，将文档以"26 个英文字母歌"为名进行保存。

2.6 专家答疑

 一问一答

问：如何设置键盘的属性？

答：单击【开始】按钮，选择【控制面板】命令，打开【控制面板】窗口，单击【查看方式】下拉按钮，从弹出的下拉菜单中选择【小图标】选项，则切换至小图标视图，单击【键盘】链接，打开【键盘属性】对话框中的【速度】选项卡，在【重复延迟】区域中拖动滑杆调节字符的重复延迟时间；在【重复速度】区域中拖动滑杆调节字符重复的速度；在【光标闪烁速度】区域中拖动滑杆调节光标的闪烁速度。最后单击【确定】按钮，完成设置。

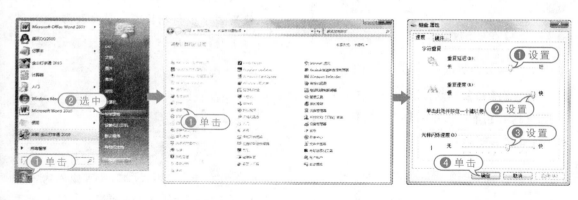

问：如何使用金山快快打字通测试打字速度？

答：启动金山快快打字通，进入金山快快打字通主界面，单击【速度测试】按钮后进入速度测试界面，切换至五笔输入法开始执行五笔的打字操作。在输入一段文字后，单击界面右下角的【完成】按钮，打开【排行榜】对话框查看速度和正确率，然后单击【确定】按钮。

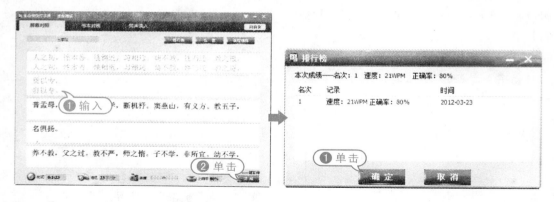

问：通过主键盘中的数字键就可以输入数字及符号等字符，那为什么还会有数字键区呢？

答：数字键区中的各个数字键都比较集中，没有主键盘区中的那么分散，而且数字键区中的指法分区比较少，这使会计、收银员、银行工作人员等在计算数据时更加方便，从而加快键盘输入的速度，且更加符合人们的使用习惯。

问：为什么在数字键区中的数字键 5 上也有一条凸起的小横条呢？

答：该小横条与 F 键和 J 键上的小横条作用相同，在使用数字键区输入数字时，可将中指定位在 5 键上，然后将食指和无名指自然地放在 4 键和 6 键上，从而对数字键区中的各个按键进行指法分工。在输入时，可按分工方法使用不同的手指击打键位。

第3章

识记五笔字型字根

　　五笔字型利用汉字是一种笔画组合文字的原理,采用汉字的字型信息进行编码。一切汉字都是由基本字根组成,本章主要介绍汉字的基本结构以及字根在键盘上的布局等内容。

3.1 五笔字型与汉字编码知识

五笔字型是一种形码输入法，它根据汉字的字形特性进行编码。因此，要学会五笔输入法，必须先了解汉字编码的基本知识。

3.1.1 五笔字型的编码原理

尽管汉字编码极其复杂，但在汉字编码学家的努力下，已经取得了很大的成绩。现已经发明了上千种编码方案，但能得到推广应用的只有二十多种。1983年王永民教授发明的五笔输入法就是最优秀的编码之一，在国内外得到了广泛的应用。

王永民教授根据汉字的结构特点，优化各种形码，最后得到130种基本字根，并将它们科学有序地分布在键盘的25个英文字母键上（除Z键），通过这25个字母键位上的基本字根可组合出成千上万个不同的汉字和词组。

五笔字型的基本原理是汉字是由若干个基本组件构成，如果给每个组件一个固定的代码，构成一个字的组件的代码就能依次组成代表该字的编码。五笔字型规定每个字至多取4个字根。

3.1.2 汉字的3个层次

汉字都是由字根和笔画组成，或者说是由字根和笔画拼合而成。学习五笔输入法的过程，就是学习将汉字拆分为基本字根的过程，而要正确地判断汉字字型和拆分汉字，就必须要了解汉字的层次结构。

五笔字型方案的研究者把汉字从结构上分为3个层次：单字、笔画和字根。其中，笔画是最基本的组成成分，而字根是由基本的笔画组合而成的，将字根按照一定的位置关系组合则成了汉字。

▶ 笔画：指的是"一"、"丨"、"丿"、"乀""乙"，即通常所说的横、竖、撇、捺、折。汉

字的笔画多种多样，但归纳起来都是由基本笔画横、竖、撇、捺和折组合而成。

▶ 字根：是指由若干笔画复合交叉而形成的相对不变的结构。在五笔字型中，字根是组成汉字的最重要、最基本的单位。

▶ 单字：将字根按一定的位置组合起来就构成了单字。

例如，"杜"字可以看作由字根"木"和"土"组成，而"木"和"土"分别由笔画"一"、"丨"、"丿"、"乀"和"一"、"丨"、"一"组成。

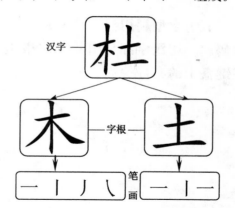

3.1.3 汉字的5种笔画

五笔字型的发明人王永民教授为了使汉字的输入更加简便快捷，在五笔字型中只考虑笔画的运笔方向，而不考虑其轻重长短。这样所有的汉字都是由有限的笔画组合而成，每个笔画都由不同方向长短的线条组成。因此，五笔字型将汉字归纳为5种基

本笔画:横"一"、竖"丨"、撇"丿"、捺"乀"、折"乙"。根据使用频率的高低,可将构成汉字的5种基本笔画的代号分别定义为1、2、3、4、5,如下表所示。

代号	名称	笔画	运笔方向
1	横	一	左→右
2	竖	丨	上→下
3	撇	丿	右上→左下
4	捺	乀	左上→右下
5	折	乙	带转折

1. 横

"横"笔画,是指凡运笔方向从左到右和左下到右上的笔画。例如,汉字"丁"中的水平线段属于"横"笔画。

除此之外,还将"提"笔画(乀)归纳在"横"笔画中。例如,汉字"地"和"打"中的"提"笔画都视为"横"笔画。

2. 竖

"竖"笔画,是指凡运笔方向从上到下的笔画。例如,汉字"川"中的竖直线段属于"竖"笔画。

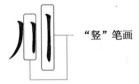

除此之外,还将"竖左钩"笔画(亅)归纳在"竖"笔画中。例如,汉字"别"的最后一笔"竖左钩"属于"竖"笔画。

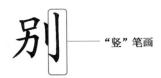

3. 撇

"撇"笔画,是指凡运笔方向从右上到左下的笔画。在五笔字型中,不同长度和不同角度的这种笔画都被归纳到"撇"笔画中。例如,汉字"人"和"九"中的"丿"笔画都属于"撇"笔画。

4. 捺

"捺"笔画,是指凡运笔方向从左上到右下的笔画。例如,汉字"八"和"大"中的"乀"都属于"捺"笔画。

除此之外,还将"点"笔画(丶)归纳在"捺"笔画中。例如,"付"、"户"和"言"等汉字中的"点"笔画都属于"捺"笔画。

— "捺" 笔画

— "捺" 笔画

— 点（丶）属于 "捺" 笔画

5. 折

在五笔输入法中,除竖钩"亅"以外的所有带转折的笔画都是属于"折"笔画。五笔字型将"乚"、"乛"、"乚"和"乀"等笔画归纳为"折"笔画,如"甩"。此外,"买"、"母"、"飞"的首笔都属于"折"笔画。

— "折" 笔画

在五笔字型中,基本字根有 130 个,许多非基本字根都是由基本字根变化而来。其中变化最多的是"折"笔画"乙"。下面专门对字根中与折"乙"有关的变化形式做一些介绍,如下表所示。

折笔画	举例
乚	电、鬼、尤、巴
乀	飞、瓦、气、几
乛	力、韦、万、也
㇄	以、饮、收、瓦
㇕	书、尸、国、片
㇆	假、臣、侯、官
乛	买、今、了、蛋
𡿨	转、专

续表

折笔画	举例
𠄌	乌、与、亏、考
㇋	乃、场
乀	车、该、幺、发

3.1.4 汉字的 3 种字型结构

汉字的字型,是指构成汉字的各个基本字根在整字中所处的位置关系。汉字是一种平面文字,同样几个字根,摆放的位置不同,即字型不同,就构成不同的汉字,如"吧"和"邑"、"呐"和"呙"、"岂"和"屺"等。可见,字型是汉字的一种重要特征信息。

专家指点

划分汉字字型结构是以汉字整体轮廓为依据的,具体来说是根据整个汉字中各个字根之间排列的相互位置关系来划分的。此外,汉字字型结构也是确定汉字的末笔字型识别码的依据之一。

在五笔字型中,根据构成汉字的各字根之间的位置关系,将所有的汉字分为 3 种字型结构:左右型、上下型和杂合型。

1. 左右型

左右型汉字的主要特点是字根之间有一定的间距,从整字的总体看呈左右排列状。在左右型的汉字中,主要包括以下 3 种情况。

▶ 双合字:是指在所有的汉字中,由两个字根所组成的汉字。在左右型的双合字中,组成整字的两个字根分列在左右,且字根间有一定的间距,如"任"、"认"和"柏"等。如果一个汉字的一边由两个字根构成,且这两个字根之间是外内包围型关系,整体却属于左右型,这种汉字也称为左右型的双合字,如"咽"和"讽"等。

两个字根分列左右，其间存在着明显的界限，且有一定的间距

右侧的两个字根呈外内包围(全包围)关系

▶ **三合字**：是指由3个字根所组成的汉字。在左右型的三合字中，组成整字的3个字根从左至右排列，这3部分为并列结构，如"做"、"绌"和"树"等；或者，汉字中单独占据一边的一个字根与另外两个字根呈左右排列，且在同一边的两个字根呈上下排列，也可称为左右型的三合字，如"淡"、"数"和"辑"等。

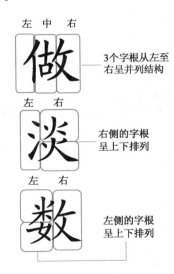

3个字根从左至右呈并列结构

右侧的字根呈上下排列

左侧的字根呈上下排列

▶ **四合字或多合字**：由4个字根组成的汉字称作四合字，而由4个以上字根组成的汉字就叫多合字。例如，"键"和"械"等。

右侧的字根呈内外包围(半包围)关系，由3个字根组成

2. 上下型

上下型汉字的主要特点是字根之间有一定的间距，从整字的总体看呈上下排列状。

在上下型的汉字中，也包括以下3种情况。

▶ **双合字**：在上下型的双合字中，组成整字的两个字根的位置是上下关系，这两个字根之间存在着明显的界限，且有一定的距离，如"吕"、"全"、"冒"和"昌"等。

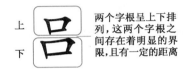

两个字根呈上下排列，这两个字根之间存在着明显的界限，且有一定的距离

▶ **三合字**：在上下型的三合字中，组成整字的3个字根也分成两部分，虽然上(下)部分的字根数要多出一个，但它们仍为上下两层的位置关系。三合字又分为3种情况：第一种情况是上方的两个字根左右分布，如"坚"；第二种情况是3个字根上中下排列，如"竟"；第三种情况是下方的两个字根左右分布，如"茄"。

上方两个字根呈左右排列

3个字根呈上中下排列

下方有两个字根呈左右排列

▶ **四合字或多合字**：在属于上下型结构的四合字或多合字中，组成整字的字根也明显地分成上下两部分，无论是上半部分字

根数多,还是下半部分字根数多,均将这类汉字看作上下型结构,如"赢"。

上下 | 下半部分由3个字根组成,这3个字根从左至右,呈并列结构

3. 杂合型

杂合型是指除左右型和上下型以外的汉字,即整字的字根之间没有明确的左右型或上下型位置关系。

杂合型汉字的主要特点是字根之间虽然有一定的间距,但是整字无明显上下左右位置关系,或者浑然一体。

杂合型的汉字可以分为以下几种类型。

▶ 单体型:单体型汉字指本身独立成字的字根,如"马"、"虫"、"少"等。

马 — 本身独立成字的字根

▶ 内外包围型:内外包围型汉字通常由内外字根组成,整字呈包围状,或者外侧字根呈半包围状,如"回"、"匡"、"边"、"延"等。

回 — 由内外字根组成,整字呈包围状(全包围)

匡 — 由内外字根组成,外侧呈半包围状

▶ 相交型:在相交型汉字中,组成汉字的两个字根相交,如"农"、"电"、"无"和"内"等。

电 — 组成汉字的两个字根相交

▶ 带点结构型:带点结构或者单笔画与字根相连的汉字都被划分为杂合型,如"犬"、"太"、"术"和"自"等。

犬 — 带点结构或者单笔画与字根相连

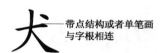
注意事项

一个基本字根和单个笔画相连,或者由基本字根和孤立点组成的汉字,都视为杂合型结构,如千、本、乡、勺、斗、下等。

✏ 3.2 五笔字型字根及分布

五笔字根是学习五笔字型输入法的基础。字根的键盘布局,既考虑了各个键位的使用频率和键盘指法,又实现了使字根代号从键盘中央向两侧依大小顺序排列。这种布局的目的是为了使用户快速地掌握键位和提高击键效率。

3.2.1 认识字根

要想使用五笔输入法打出汉字,就必须对汉字进行拆分。对汉字进行拆分后,汉字拆分的每一个部分都被称为字根。

字根是在理论上不可拆分的构成汉字的最小基本元件。不同字根的组合就可以组成各种汉字,犹如不同的声母跟韵母可以拼出不同的汉字拼音。

传统上讲,由汉字的5种笔画交叉连接而形成的相对不变的结构就称为字根。在五笔字型中,把组字能力很强且在日常文字中出现次数较多的字根称为基本字根,如口、氵、亻等。

金钅牛夕儿夂 35 Q	人亻八 34 W	月彡乃用豕衣 33 E	白手扌斤 32 R	禾竹丿 攵夂 31 T	言讠文方广亠 41 Y	立辛冫门疒 42 U	水氵小 43 I	火灬米 44 O	之辶宀礻衤 45 P
工戈弋艹廿七 15 A	木丁西 14 S	大犬三古石厂 13 D	土士二干十寸雨 12 F	王五一 11 G	目上卜止 21 H	日早虫 22 J	口川 23 K	田甲车力四皿 24 L	
Z	纟幺弓匕 55 X	又巴马厶 54 C	女刀九臼 53 V	子耳了也阝卩 52 B	心忄羽乙尸 51 N	山由贝几 25 M			

在五笔字型中，大部分是笔画简单的汉字和部首，还有少数是新造的无意义的笔画组合，这些被归纳为130个基本字根。由于键盘按键较少的原因，将这些基本字根分别分布在键盘的25个按键上（除Z键外）。使用这些字根可以像搭积木那样组合出全部的汉字。

字根一般是根据如下几种原则挑选的。

▶ 组字能力强的汉字，如"大"字根，可以组成的汉字有"太"、"头"、"天"、"夫"、"失"、"夹"、"尖"等。

▶ 组字能力不强但组成的汉字特别常用，如"白"（组成"的"）、"西"（组成"要"）等。

▶ 绝大多数的字根都是汉字的偏旁部首，如"人"、"口"、"手"、"金"、"木"、"水"、"火"、"土"等。

▶ 相反，为了减少字根的数量，一些不太常用的或者可以拆成几个字根的偏旁部首，便没有被选为字根，如"比"、"歹"、"风"、"气"、"欠"、"殳"、"斗"、"户"、"龙"、"业"、"鸟"、"穴"、"聿"、"皮"、"老"、"酉"、"豆"、"里"。

在五笔输入法中，有的字根还包括几个近似字根，主要有以下几种情况。

▶ 字源相同的字根，如"心"和"忄"，"水"和"氵"等。

▶ 形态相近或相似的字根，如"艹"、"卅"和"廿"；"土"、"士"和"干"；"厂"、"尸"和"丆"；"四"、"罒"和"皿"等。

▶ 便于联想的字根，如"耳"、"卩"和"阝"等。

注意事项

所有近似字根和主字根在同一个键位上，编码时使用同一个代码。字根是组字的依据，也是拆字的依据，它是人为决定的，并不取决于其本身的性质和结构是否可分，因此不能用通常分析偏旁部首的方法来拆分字根。

3.2.2 字根的区和位

在五笔字型中，根据字根的组字能力与出现频率，将字根分布在除Z键以外的25个英文字母键上，分配方法是按字根起笔的类型划分为5个区。

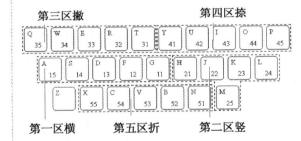

第三区撇　　第四区捺
第一区横　　第五区折　　第二区竖

▶ 第一区为横区，字根以横起笔，包括G、F、D、S和A这5个字母键。

▶ 第二区为竖区，字根以竖起笔，包括H、J、K、L和M这5个字母键。

▶ 第三区为撇区，字根以撇起笔，包括T、R、E、W和Q这5个字母键。

▶ 第四区为捺区，字根以捺起笔，包括Y、U、I、O和P这5个字母键。

▶ 第五区为折区，字根以折起笔，包括N、B、V、C和X这5个字母键。

每个区包括5个英文字母键，每一个字母键作为一个位。区和位都给予从1~5的编号，分别叫做区号、位号。每个字母键都有唯一的一个两位数的编号，其中区号作为十位数字,位号作为个位数字,组合起来表示键盘中的一个键,即所谓的"区位号"。例如,S 键位于第一区的第四位,因此其区位号为 14,由此得出 1 为区号,4 为位号。同样根据区位号也可以反推出其代表的字母键。

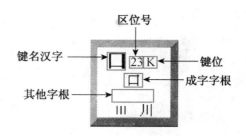

专家指点

字根的区位号又叫做字根的代码,Z 键不用于定义字根,用于五笔字型的学习,即为万能键。划分区位号的目的是便于字根的归类,还能帮助用户记忆字根的分布状况。

3.2.3 字根在键盘中的分布

了解了字根在键盘上的区位划分后,就应该知道键盘上任意字母键(除 Z 键外)的对应区位码;反之,知道了区位码,也就知道了它所对应的字母键。但是了解这些并不足够,还需要掌握一些字根在键盘上的分布情况。

记忆 130 个字根的分布,是学习五笔字型的难点。把 130 个基本字根安排在 25 个键位上,每个键位一般安排 2～6 个基本字根。每一键位对应一个英文字母键,将五笔字型基本字根分布在键盘的字母键上就形成字根键盘。

在字根键盘中,每一个键都由数个字根、一个字母和一个数字组合而成。专业地讲,每一个键应由键名汉字、同位字根、区位号和键位组成。

键名汉字:每个键位上一般安排 2～6 个字根,放在每个键位方框的左上角,字体较大的字根称为键名汉字,或称主字根。

同位字根:每个键位上除键名字根以外的字根被称为同位字根。同位字根可分为 3 种:单笔画、成字字根和其他字根。

3.2.4 字根的分布规律

五笔字根在键盘上的分布是有规律可循的,熟练掌握这些规律可以使初学五笔的用户更快速地记忆字根。下面将具体介绍字根在键盘上的分布规律。

1. 首笔代号与区号一致

每个键位上所有字根的首笔代号与它所在的区号是一致的。区号按首笔的笔画"横、竖、撇、捺、折"划分,如"目、早、由、贝、山"的首笔均为竖,竖的代号为 2,所以它们都在 2 区。也就是说,以竖为首笔的字根其区号都为 2。

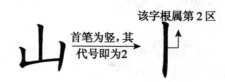

2. 次笔代号与位号一致

字根的次笔代号与它所在的位号是一致的,如"干、白、门"的第二笔均为竖,竖的代号为 2,故它们的位号都为 2;又如字根

"山"的第二笔为"乙"（折的代号为5），则该字根的位号为5。

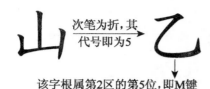

次笔为折，其代号即为5 → 乙

该字根属第2区的第5位，即M键

3. 基本笔画个数与位号一致

在五笔字型中，5种基本笔画也可作为字根中的一种，且它们通过一定的结合也能组合成字根，如"彡、巛、丶刂、灬"等，这些字根也分布在键盘的相应键位上，分布规律的介绍如下。

▶ 单个基本笔画位于每个区的第1位，如单笔画"一、丨、丿、乙"，它们分别位于区位号为11、21、31、41、51的G、H、T、Y、N键上。

▶ 由两个基本笔画组成的字根位于每个区的第2位，如两个单笔画的复合字根"二、刂、彡、冫、巛"，它们分别位于区位号为12、22、32、42、52的F、J、R、U、B键上。

▶ 由三个基本笔画组成的字根位于每个区的第3位，如三个单笔画的复合字根"三、川、彡、氵、巛"，它们分别位于区位号13、23、33、43、53的D、K、E、I、V键上。

▶ 由四个基本笔画组成的字根位于每个区的第4位，如四个单笔画的复合字根"灬"位于区位号为44的O键上。

4. 部分字根形态相近

在五笔字型中，有些字根与键名字根或主要字根形近或渊源一致，因此都被放置在同一键位上，例如在D键上就有几个与"厂"字型相近的字根；还有些字根以义近为准放置在同一键位上，例如传统的偏旁"亻"和"人"、"忄"和"心"、"扌"和"手"等。

专家指点

个别字根按拼音分位。例如，"力"字拼音为Li，就放在L位；"口"字的拼音为Kou，就放在K位。

3.2.5 字根的助记词

记住字根键盘是学习五笔字型的基本功和首要步骤，由于字根较多，为了便于记忆，研制者编写了一首"助记歌"，增加些韵味，易于上口，帮助初学者记忆。

▶ 1（横）区字根键位排列

11G　王旁青头戋（兼）五一（借同音转义）

12F　土士二干十寸雨

13D　大犬三羊古石厂

14S　木丁西

15A　工戈草头右框七

▶ 2（竖）区字根键位排列

21H　目具上止卜虎皮（"具上"指具字的上部"且"）

22J　日早两竖与虫依

23K　口与川，字根稀

24L　田甲方框四车力

25M　山由贝，下框几

▶ 3（撇）区字根键位排列

31T　禾竹一撇双人立（"双人立"即"彳"），反文条头共三一（"条头"即"夂"）

32R　白手看头三二斤（"三二"指键的区位号32）

33E　月彡（衫）乃用家衣底（"家衣底"即"豕"）

34W　人和八，三四里（"三四"即34）

35Q　金勺缺点无尾鱼(指"勹"),犬旁留乂儿一点夕,氏无七(妻)

▶ 4(捺)区字根键排列

41Y　言文方广在四一,高头一捺谁人去

42U　立辛两点六门疒

43I　水旁兴头小倒立

44O　火业头,四点米("火"、"业"、"灬")

45P　之宝盖,摘衤(示)(衣)

▶ 5(折)区字根键位排列

51N　已半巳满不出己,左框折尸心和羽

52B　子耳了也框向上("框向上"指"凵")

53V　女刀九臼山朝西("山朝西"为"彐")

54C　又巴马,丢矢矣("矣"丢掉"矢"为"厶")

55X　慈母无心弓和匕,幼无力("幼"去掉"力"为"幺")

3.2.6　键名汉字与同位字根

为了使用户掌握键名汉字和同位字根的一些知识,下面将详细地介绍键名汉字和同位字根。

1.　键名汉字

键名汉字是指键位上所有字根中最具

有代表性的字根,其本身也是一个有意义的汉字,且使用频率非常高。

这里需要注意的是,X 键位上的字根并不是一个汉字,而是一个偏旁部首"纟"。

2.　同位字根

每个键位上除键名汉字以外的字根被称为同位字根,它有如下几种。

▶ 某些字根与键名形似或意义相同,如"土"和"士"、"日"和"曰"、"巳"和"己"、"艹"和"廿"等。

▶ 某些字根首笔既不符合区号原则,次笔也不符合位号原则,但它们与键位上的某些字根有所类同,如 N 键位上的"忄"和"小"等。

一般情况下,同位字根可分为单笔画、成字字根和其他字根这 3 类。其中,成字字根本身就是一个字,如"刀、五、丁"等。成字字根还包括日常并不作为文字使用的字根,如"丿、亻、衤、忄"等。

3.3　快速记忆字根

学习五笔字型需要耐心和毅力,需要初学者记忆和理解许多内容,如字根及字根在键盘上的位置等。本节将介绍几种快速记忆字根的有效方法,用户可以通过学习和掌握这些方法来提高五笔打字的速度。

3.3.1　口诀理解记忆字根

掌握了字根在键盘中的具体分布规律后,接下来就需要记忆每个区的字根。

1.　理解第一区字根

第一区字根为横起笔,包含键盘上的 G 键、F 键、D 键、S 键和 A 键,键名分别为"王"、"土"、"大"、"木"和"工",字根的区位号是 11～15。下面通过口诀理解其含义，然后快速记忆这些字根。

▶ 11G 王旁青头兼(戈)五一

"王旁"指的是偏旁部首"王"（王字旁）；"青头"指的是"青"字的上半部分""；"兼"指"戈"；"五一"指字根"五、一"。

环 青 钱 捂 但

▶ 12F 土士二干十寸雨

这句口诀指的是"土、士、二、干、十、寸、雨"这 7 个字根；除此之外，该键位上还有字根"革"（革字去廿）。

坛 旱 付 震 革

▶ 13D 大犬三羊古石厂

其中，"大、犬、三、古、石、厂"这 6 个字根为成字字根；"羊"指字根"手"和"手"；记住"大"的变形字根"ナ、ナ、ナ"；除此之外，字根"镸"需特殊记忆。

夺 拜 故 矿 肆

▶ 14S 木丁西

这句口诀指的是"木、丁、西"这 3 个字根，结合起来就是"丁西林"先生名。

森 订 洒 票

▶ 15A 工戈草头右框七

其中，"工、戈、七"为 3 个成字字根；"草头"指的是偏旁部首"艹"；"右框"指的是字根"匚"；除此之外，还有与"艹"相似的字根

"廾、芈、廿"，与"戈"相似的字根"弋"。

功 牧 草 匠 皂

2. 理解第二区字根

第二区字根为竖起笔，包含键盘上的 H 键、J 键、K 键、L 键和 M 键，键名分别为"目"、"日"、"口"、"田"和"山"，字根的区位号是 21～25。下面通过口诀理解其含义。

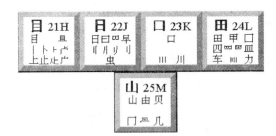

▶ 21H 目具上止卜虎皮

"目"指的是字根"目"；"具上"指的是"具"字的上部"且"；"虎皮"指字根"广"和"广"；除此之外，要特别记忆"止"的变形字根"龰"；"卜"的变形字根"丨"。

眼 具 肯 被 占

▶ 22J 日早两竖与虫依

"日早"指的是字根"日"和"早"；"两竖"指字根"刂"，另外，要记住其变形体"刂、川、川"；"与虫依"指的是字根"虫"；此外，记忆"日"字根时，要注意记忆字根"曰、冂"等变形字根。

旺 草 临 判 蛤

▶ 23K 口与川，字根稀

"口与川"是指字根"口"和"川"；"字根稀"指的是该键位的字根较少；除此之外，还需要记忆"川"的变形字根"刂"。

吕 呀 驯 带

▶ 24L　田甲方框四车力

"田甲"是指字根"田"和"甲";"方框"指的是字根"囗";"车力"是指字根"车"和"力";"四"指字根"四、罒、皿和皿"。

辐 岬 团 罗 功

▶ 25M　山由贝,下框几

口诀中包括"山、由、贝、几"4 个成字字根;而"下框"指字根"几";需要特别记忆字根"皿"。

屿 宙 呗 机 骨

3. 理解第三区字根

第三区字根为撇起笔,包含键盘上的 T 键、R 键、E 键、W 键和 Q 键,键名分别为"禾"、"白"、"月"、"人"和"金",字根的区位号是 31～35。下面通过口诀理解其含义。

金 35Q	人 34W	月 33E	白 32R	禾 31T
金鱼儿 勹乂儿 夕ㅅ夕巛	人 亻 八癶癶	月月舟用 彡乃豕 豕衣氏	白 手 扌 斤 厂	禾竹 丿 彳夊攵

▶ 31T　禾竹一撇双人立,反文条头共三一

"禾竹"是指字根"禾、竹";"一撇"指字根"丿";"双人立"指字根"彳";"反文"指字根"夊";"条头"指字根"攵";"共三一"指字根在区位号为 31 的 T 键上。

和 箱 行 攻 各

▶ 32R　白手看头三二斤

"白手"是指字根"白、手、扌";"看头"指字根"手";"三二"指字根在区位号为 32 的

R 键上。

柏 打 看 皙 兵

▶ 33E　月彡(衫)乃用家衣底

"月"指"月"字根;"衫"指字根"彡";"乃用"指"乃"和"用"字根;"家衣底"指"豕"和"衣"。

肌 衫 仍 家 衣

▶ 34W　人和八,三四里

"人和八"指字根"人、八";"三四里"指字根在区位号为 34 的 W 键上;需要特别记忆字根"癶"和"癶"。

从 仁 父 祭 葵

▶ 35Q　金勹缺点无尾鱼,犬旁留乂儿一点夕,氏无七

"金"是指字根"钅";"勹缺点"是指字根"勹";"无尾鱼"指"鱼";"一点夕"指字根"夕、ㅅ、夕";"氏无七"指字根"厂"。

鑫 铂 负 久 炙

4. 理解第四区字根

第四区字根为捺起笔,包含键盘上的 Y 键、U 键、I 键、O 键和 P 键,键名分别为"言"、"立"、"水"、"火"和"之",字根的区位号是 41～45。下面通过口诀理解其含义。

言 41Y	立 42U	水 43I	火 44O	之 45P
言讠 文方 、亠 广	立六立辛 冫冫丬 丷广门	水氺水丬 丬丬 小业业	火 灬 米 业 灬	之辶廴 宀 冖

▶ 41Y　言文方广在四一,高头一捺谁人去

"言文方广"是指"言、文、方、广"这 4 个

成字字根;"四一"指字根在区位号为 41 的 Y 键上;"高头"指字根"亠";"一捺"是指字根"乀";"谁人去"指字根"圭"。

信 吝 访 六 谁

▶ 42U 立辛两点六门疒

"立辛"是指字根"立、辛";"两点"指"冫、丬、丷和丷";"六门疒"是指"六、门、疒"这 3 个字根。

站 冻 状 前 疯

▶ 43I 水旁兴头小倒立

"水旁"是指偏旁"氵";"兴头"指字根"⺌、⺍";"小倒立"指字根"⺌"和"小"。

江 举 学 光 誉

▶ 44O 火业头,四点米

"火"是成字字根;"业头"指字根"⺌、⺍";"四点米"指字根"灬"和"米"。

谈 亚 赤 黑 糟

▶ 45P 之宝盖,摘礻(示)(衤)

"之"指"之"字根;"宝盖"指偏旁"宀、冖";"摘礻(示)(衣)"指字根"礻"。

乏 边 写 家 礼

5. 理解第五区字根

第五区字根为折起笔,包含键盘上的 N 键、B 键、V 键、C 键和 X 键,键名分别为"已"、"子"、"女"、"又"和"纟",字根的区位号为 51～55。下面通过口诀理解其含义。

纟 55X	又 54C	女 53V	子 52B	已 51N

▶ 51N 已半巳满不出己,左框折尸心和羽

"已半"指字根"已";"巳满"指字根"巳";"不出己"指字根"己";"左框"指字根"匚";"折"指字根"乙";"尸"指字根"尸";"心和羽"指字根"心、忄、羽",另外还需特别记忆"心"字根的变形字根"⺗"。

导 纪 乞 想 慕

▶ 52B 子耳了也框向上

"子耳了也"是指字根"子(孑)、耳(阝、卩)、了、也";"框向上"指字根"凵"。

仔 阳 辽 驰 凶

▶ 53V 女刀九臼山朝西

"女刀九臼"指"女、刀、九、臼"这 4 个字根;"山朝西"指字根"彐"。

奴 召 旭 归 滔

▶ 54C 又巴马,丢矢矣

"又巴马"指"又、巴、马"这 3 个字根;"丢矢矣"指字根"厶",同时还应记忆变形字根"ス"、"マ"。

劝 吧 杩 唉 予

▶ 55X 慈母无心弓和匕,幼无力

"慈母无心"指字根"毋";"弓和匕"指字根"弓、匕",记忆时还需记忆"匕"的变形字根"⺄";"幼无力"指字根"幺",同时还应记忆变形字根"纟"、"纟"。

姆 引 旨 切 幼

助记词读起来押韵,可方便记忆字根。在记忆的同时,还应对照字根图。对于口诀中没有的特殊字根,要个别理解,特殊记忆,这样才会取得更好的学习效果。

3.3.2 对比分析记忆字根

理解并记忆了基本字根后,把它们与那些辅助字根进行对比分析,同时联系特殊字根,即可彻底地记住所有的字根。

由于辅助字根与基本字根非常相似,所以把它们放在一起进行对比分析记忆,这样即可看到一个辅助字根立马联想到相应的基本字根,从而达到牢记所有字根的目的。如下表列出基本字根所对应的辅助字根。

基本字根	辅助字根
幺	纟、纟
匕	匕
耳	阝、阝
斤	斤、厂
心	忄、小
止	走
又	ス
厶	マ
之	辶、廴
宀	冖
子	孑、了
业	小
己	巳、已
小	业
夕	夊、夕
癶	夊
业	业、业
豕	豕、豸

续表

基本字根	辅助字根
伐	伐
丷	亚、丷、丬
川	Ⅲ
日	日、皿
卜	卜
廾	廾、共、廿
手	扌
四	罒、罒、皿
乙	一、乚等所有折笔
刂	Ⅱ、刂、刂
羊	手
大	丆、ナ、犬
戈	弋

3.3.3 巧记分区字根

由于字根数目较多,用户记忆起来会比较困难,下面结合联想记忆助记歌来详细理解每个分区字根,协助初学者记忆字根在键盘上的位置。

1. 横区

▶ 王旁青头戋五一

联想记忆助记歌:王五拿着"青"的头换了一些钱,却把钅丢掉了,只剩下戈。

▶ 土士二干十寸雨

联想记忆助记歌:二月闹干旱,只下了十寸雨,土地干裂了,士兵们也扛不住,只留皮革的下面。

▶ 大犬三羊古石厂

联想记忆助记歌:在古石厂门前站着一只大犬,注视着厂内的三只羊。

▶ 木丁西

联想记忆助记歌:木匠在西边上的墙上钉"丁"字。

▶ 工戈草头右框七

联想记忆助记歌:工人割(戈)了七厘米长的草头,放在右边的框子里。

2. 竖区

▶ 目具上止卜虎皮

联想记忆助记歌:目光向上看,具体停止在一张破(卜)虎皮上。

▶ 日早两竖与虫依

联想记忆助记歌:日头早早挂在树(竖)上,两只小虫依在树上说话(曰)。

▶ 口与川,字根稀

联想记忆助记歌:直接记下"口"与"川"。

▶ 田甲方框四车力

联想记忆助记歌:车上拉着四个大方框(囗),拉车力士穿着盔甲走在田野上。

▶ 山由贝,下框几

联想记忆助记歌:由山洞里寻得宝贝,竟是用几个框装着的骨头(凵)。

3. 撇区

▶ 禾竹一撇双人立,反文条头共三一

联想记忆助记歌:双人(彳)立在禾苗和竹林中间,在条的上面(夂)一手拿丿一手拿反文旁(夂)。

▶ 白手看头三二斤

联想记忆助记歌:"白手"太瘦了,看她的头只有二三斤重。

▶ 月彡(衫)乃用家衣底

联想记忆助记歌:像月光一样柔和的衬衫乃是用家常衣服的底子做成的。

▶ 人和八,三四里

联想记忆助记歌:八个人之间隔了三四里路,但必须先祭(癶)过坟地,后登(癶)上才能达到。

▶ 金勹缺点无尾鱼,犬旁留乂儿一点夕,氏无七

联想记忆助记歌:氏没有妻(七),成了 乚,也没有儿子,勹中没有东西,成了勹,鱼没有尾,成了鱼,只好每天看看天空的夕阳下山。

4. 捺区

▶ 言文方广在四一,高头一捺谁人去

联想记忆助记歌:在四月一号的那(捺)一天,"方文广"高高地抬头说(言)"谁人去"。

▶ 立辛两点六门疒

联想记忆助记歌:六个门卫由于立在门口太辛苦,在半夜两点(丷)生病了。

▶ 水旁兴头小倒立

联想记忆助记歌:"小小"倒立在水旁,正学在兴头上呢。

▶ 火业头,四点米

联想记忆助记歌:赤热下(灬、小),下面烧火,上面煮米。

▶ 之宝盖,摘礻(示)(衣)

联想记忆助记歌:她头戴之字形的宝盖,进门前摘下它,看到的则是她试(示)穿的衣服。

5. 折区

▶ 已半巳满不出己,左框折尸心和羽

联想记忆助记歌:箩筐里已装了半框猎物,可是大部分猎物的尸体折断了,羽毛和心脏都在左筐里露出来,老虎自己不是很满意。

▶ 子耳了也框向上

联想记忆助记歌:"孔子"和"老耳"也都把框向上(凵)放了。

▶ 女刀九臼山朝西

联想记忆助记歌:九个女的用三折(巛)刀去挖彐臼形状的坑。

▶ 又巴马,丢矢矣

联想记忆助记歌:矣又丢了矢,只剩下厶,只好骑马上巴山去找。

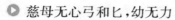

▶ 慈母无心弓和匕,幼无力

联想记忆助记歌:幼儿没有力,只剩下幺,拿不起弓箭和匕首,慈母没有了心,只剩下口。

3.3.4 对比记忆易混淆字根

在字根中有许多字根非常相近,初学者经常会将这些字根混淆。为了避免产生混淆,下面对比列出几组比较易混淆的字根。

▶ "癶"和"夗":这两个字根看起来十分相近。在拆字过程中,如果混淆了这两个字根,就会发现很多字根本无法拆分正确。"癶"字根在 W 键位上,而"夗"则是由"夕(Q)、巳(B)"这两个基本字根组成。

▶ "匕"和"七"这两个字根看上去极其相似,拆分时要注意它们的起笔不同,字根所在区位也不同。"匕(X)"起笔为"乚"(折),在第 5 区;"七(A)"起笔为"一"(横),在第 1 区。

▶ "彡"和"川"这两个字根虽然在字形上看起来十分相近,但它们的使用是有很大区别的。"彡"起笔走向是撇,属于第 3 区,字根在 E 键位上;而"川"起笔走向则是竖,属于第 2 区,字根则在 K 键位上。

▶ "戈"和"弋"是非常相近的一组字根,且都在 A 键位上。它们的区别主要体现在末笔的书写上,即"戈"的末笔为"丿"(撇),"弋"的末笔为"丶"(捺)。

▶ "手"和"手"这两个字根不仅仅是相近,就算仔细看,简直也是一样。实质上,"手"起笔走向是横,属于第 1 区,位于 D 键位上;"手"起笔走向是撇,属于第 3 区,位于 R 键位上。

▶ "圭"和"主"这两个字根也极其相似。其中,"圭"是由两个一样的基本字根"土"组成,而"主"属于基本字根,位于 Y 键位上。

在汉字的拆分过程中,如果遇到以上类型的字根一定要注意分辨,进行系统地分析,从而拆出正确的字根,这样五笔打字速度才能有所提高。

✏ 3.4 实战演练

本章的实战演练部分通过在打字通软件中进行字根练习,从而巩固字根在键盘上的分布情况,并快速地记忆字根。

【例 3-1】在金山快快打字通中进行五笔字根练习

01 双击桌面上的【打字通 2011】图标,启动金山打字通。

02 在金山快快打字通 2011 主界面中,单击【五笔打字】按钮。

03 打开横区字根练习界面,在【标准键盘】上方显示一排对照练习的字根提示行和一排空白行,将光标定位在空白行中,判断字根键位并按相应的键位进行字根练习。需注意的是【标准键盘】上以蓝色背景提示需要按的键位。

04 如果按的键位错误,将无法继续输入字根,当输入正确后才能输入下一个字根。

05 在横区的字根练习完毕后单击【课程练习】按钮,打开【五笔练习课程选择】对话框,选择【竖区字根】选项后单击【确定】按钮。

06 进入竖区字根练习界面,继续练习竖区字根的输入。

07 使用同样的方法,练习其他区位上的字根,其中包括字根综合练习。

08 完成字根的练习后单击【关闭】按钮,退出金山打字通。

专家指点

在字根练习界面下方,显示了打字练习所花费的时间、打字的速度、字根练习的进度以及正确率等信息,用户可通过这些信息测试字根的输入效率。另外,按键盘上的 Pause Break 键,可暂停字根练习。

3.5 专家答疑

💬 一问一答

问:"马"按字根分布规律应该在区位号为 55 的 X 键位上,而实际上它却在 C 键位上,这是为什么呢?

答:在分析某个字根位于哪个键位上时,虽然大部分都是按字根分布规律来定位,但也有一些字根并不完全符合这个规律。例如,字根"手",虽然第二笔为横,但却不符合"基本笔画个数与位号一致"的分布规律。这种情况属于少数,因此在记忆这类特殊的字根时应特别进行记忆。

问:为什么要给键盘上各键分区位号?

答:分区位号的目的是便于给字根归类,根据字根分布规律可以帮助初学者记忆字根的分布状况。例如"王"字,第一笔是横,那么它的第一个字根肯定位于第一区;第二笔又是横,那么它的第二个字根又位于第一位。因此"王"的区位号为11,位于 G 键上。

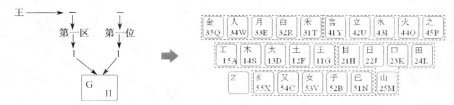

第4章

汉字的拆分和输入

在五笔字型中,熟记字根在键盘上的分布情况后便可以开始学习汉字的拆分方法;而掌握汉字的拆分方法,并结合五笔字型取码原则,才能正确地将汉字输入电脑中。本章主要介绍汉字的拆分方法以及键名字根、成字字根和键外汉字的输入方法。

 参见随书光盘

4.1　汉字的结构关系

正确地将汉字分解成字根是掌握五笔字型输入法的关键。在拆分汉字时应把所有非基本字根一律拆分成彼此交叉的几个基本字根。基本字根在组成汉字时,按照它们之间的位置关系可以分成单、散、连和交4种结构关系。

4.1.1　单

单字根结构简称"单",其本身就是一个独立的汉字,不用再进行拆分。例如,"马"、"五"、"车"、"人"、"子"等汉字都是单字根结构汉字。

成字字根,它是一个基本的字根,不再需要拆分

在五笔字型中,这类字根包括键名字根与成字字根,其编码有专门规定,不需要辨别字型。另外,5种单笔画字根也属于这种结构。

4.1.2　散

散字根结构简称"散",顾名思义,汉字由不止1个字根构成,并且组成汉字的基本字根之间保持了一定距离,即字根之间有一个相互位置关系,既不相连也不相交。这种位置关系包括左右和上下结构关系。例如,"功"、"吕"、"李"等汉字都是散字根结构汉字。

由字根"木"和"子"组成,且它们之间存在一定距离

专家指点

具有散字根结构汉字的字型只有左右型和上下型两种。

在输入汉字时,需要将这些散字根结构

汉字进行拆分。

4.1.3　连

连字根结构简称"连"。有的汉字是由一个基本字根和单笔画组成,这种汉字的字根之间有相连关系,即称为"连"。具有连字根结构汉字的字型均为杂合型。"连"主要分为以下两种情况。

▶ 基本字根连一个单笔画:即单笔画与字根相连,单笔画可在基本字根的上下左右,如字根"日"下连"一"成为"且"。另外,如果单笔画与字根之间有明显间距,都不认为属于相连,如"旧"、"乞"等。

▶ 基本字根连带一点:该类型的汉字是由一个基本字根和一个孤立的点构成,点与字根的位置关系可以相连,也可以不相连,如"勺"、"主"、"太"、"义"等。需要注意的是,带点结构的汉字不能当作散关系。

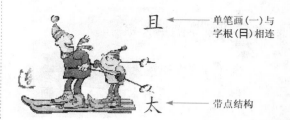

单笔画(一)与字根(日)相连

带点结构

注意事项

五笔字型规定一个基本字根之间或之外所带的孤立点(孤立点可以在任何位置),一律视作与基本字根相"连"的结构关系。

4.1.4　交

交字根结构简称"交",是指两个或两个

以上的字根交叉、套叠后所构成的汉字,其基本字根之间没有距离,字根之间部分笔画重叠。例如,"里"由"曰"和"土"两个字根交叉叠加而成。

由字根"曰"和"土"相交而成

一切由基本字根交叉构成的汉字,其基本字根之间是没有距离的。因此,这一类汉字的字型均属于杂合型。

另外,还有一种情况是混合型,即几个字根之间既有连的关系,又有交的关系,如"丙、重"等。

专家指点

"交"结构汉字都是由基本字根交叉组合而成。

4.2 汉字的拆分原则

汉字的拆分是学习五笔字型输入法最重要的部分。有的汉字因为拆分方式不同,可以拆分成不同的字根,这就需要按照统一的拆分原则来进行汉字的拆分。汉字的拆分原则可以概括为书写顺序、取大优先、兼顾直观、能散不连和能连不交5个原则,只有熟练掌握这5个拆分原则,才能准确地拆分出汉字的字根。

4.2.1 书写顺序原则

按书写顺序拆分汉字是最基本的拆分原则。书写顺序通常为从左到右、从上到下、从外到内及综合应用,拆分时也应该按照该顺序来拆分。下面将以具体的汉字为例来介绍汉字的拆分顺序。

1. 从左到右

在拆分汉字时,应将左侧字根排列在前,右侧字根排列在后,遵循从左到右的顺序。

例如,汉字"权"应拆分成"木、又",而不能拆分成"又、木";汉字"谁"应拆分为"讠、亻主",而不能拆分为"亻主、讠"。

$$权 = 木 + 又 (\checkmark)$$
$$权 = 又 + 木 (\times)$$

$$谁 = 讠 + 亻 + 主 (\checkmark)$$
$$谁 = 亻 + 主 + 讠 (\times)$$

2. 从上到下

在拆分汉字时,应将上侧字根排列在前,下侧字根排列在后,遵循从上到下的顺序。

例如,汉字"要"应拆分成"西、女",而不能拆分成"女、西";汉字"宣"应拆分成"宀、一、日、一",而不能拆分为"一、宀、日、一"。

$$要 = 西 + 女 (\checkmark)$$
$$要 = 女 + 西 (\times)$$

$$宣 = 宀 + 一 + 日 + 一 (\checkmark)$$
$$宣 = 一 + 宀 + 日 + 一 (\times)$$

3. 从外到内

在拆分汉字时,应将外围字根排列在前,内侧字根排列在后,遵循从外到内的顺序。

例如,汉字"困"应拆分成"口、木",而不能拆分成"木、口";汉字"勾"应拆分为"勺、厶",而不能拆分成"厶、勺"。

$$困 = 口 + 木 (\checkmark)$$
$$困 = 木 + 口 (\times)$$

$$勾 = 勹 + 厶 (\checkmark)$$
$$勾 = 厶 + 勹 (\times)$$

4. 综合应用

许多汉字可以拆分成多个字根,各字根之间存在上下、左右、杂合关系,此时就需要综合应用从上到下、从左到右、从外到内等原则来拆分汉字。

例如,汉字"据",先考虑从左到右顺序,应先拆分成"扌"和"居",再考虑从外到内顺序,将"居"拆分成"尸、古",即将整个汉字拆分为"扌、尸、古",而不能拆分成"扌、古、尸";汉字"照",先考虑从上到下顺序,应拆分成"昭"和"灬",再考虑从左到右顺序,将"昭"拆分成"日、刀、口",即将整个汉字拆分为"日、刀、口、灬",而不能拆分成"灬、刀、口、日"。

$$据 = 扌 + 尸 + 古 (\checkmark)$$
$$据 = 扌 + 古 + 尸 (\times)$$

$$照 = 日 + 刀 + 口 + 灬 (\checkmark)$$
$$照 = 灬 + 刀 + 口 + 日 (\times)$$

4.2.2 取大优先原则

取大优先也称为"优先取大"或者"能大不小"、"尽量向前凑",是指拆分汉字时,应以再添一个笔画便不能成为字根为限,每次都拆取一个笔画尽可能多的字根,使字根总数目最少,但必须保证拆分而形成的字根是键盘上的有的基本字根。

例如,汉字"夫"应拆分成"二、人",而不能拆分成"一、大";汉字"固"应拆分成"口、古",而不能拆分成"口、十、口"。

$$夫 = 二 + 人 (\checkmark)$$
$$夫 = 一 + 大 (\times)$$

$$固 = 口 + 古 (\checkmark)$$
$$固 = 口 + 十 + 口 (\times)$$

综上所述,取大优先原则的要求如下。

▶ 在一个汉字有几种拆分可能时,拆分后字根数最少的那一种是正确的。

▶ 在字根拆分的每一个步骤中,如果在同一部位上有不止一种拆分方法,就必须选用笔画最多的字根。

专家指点

按取大优先原则,汉字"未"和"末"都可以拆分为"二、小",但五笔字型规定:"未=二+小","末=一+木"。为了避免混淆、统一标准,使其具有唯一性,五笔字型输入法中规定了汉字的拆分原则。

4.2.3 兼顾直观原则

兼顾直观是指在拆分汉字时,要考虑拆分出的字根符合人们的直观判断和感觉以及汉字字根的完整性,有时并不完全符合"书写顺序"和"取大优先"两个规则,形成个别例外情况。

例如,汉字"园"应拆分成"口、二、儿",不能拆分成"门、二、儿、一",这样就破坏了汉字的直观性;汉字"自"应拆分成"丿、目",不能拆分成"亻、乙、三"。

$$园 = 口 + 二 + 儿 (\checkmark)$$

$$园 = 门 + 二 + 儿 + 一 (\times)$$

$$自 = 丿 + 目 (\checkmark)$$

$$自 = 亻 + 乙 + 三 (\times)$$

4.2.4 能散不连原则

能散不连是指当一个汉字被拆分成几个部分,而这几个部分又是复笔字根时,即它们之间的关系既可为"散"也可为"连"时,则应按"散"拆分。

例如,汉字"失"应拆分成"丿、大",而不能拆分成"丿、夫";汉字"严"应拆分成"一、业、厂",而不能拆分成"一、业、丿"。

$$失 = 丿 + 大 (\checkmark)$$

$$失 = 丿 + 夫 (\times)$$

$$严 = 一 + 业 + 厂 (\checkmark)$$

$$严 = 一 + 业 + 丿 (\times)$$

4.2.5 能连不交原则

能连不交是指当一个汉字既可以拆分成相连的几个部分,也可以拆分成相交的几个部分时,在这种情况下相连的拆字法是正确的。

一个单笔画与字根"连"在一起,或一个孤立的点位于一个字根附近,这样的笔画结构称为"连体结构"。

例如,汉字"天"应拆分成"一、大",而不能拆分成"二、人";汉字"丑"应拆分成"乙、土",而不能拆分成"刀、二"。

$$天 = 一 + 大 (\checkmark)$$

$$天 = 二 + 人 (\times)$$

$$丑 = 乙 + 土 (\checkmark)$$

$$丑 = 刀 + 二 (\times)$$

4.3 键面汉字的输入

键面汉字是指在五笔字根键盘上存在的字根本身就是一个汉字,主要包括键名字、成字字根和单笔画3种。本节将详细介绍这3种键面汉字的输入方法。

4.3.1 输入键名字

通常将各个键上的第一个字根,也就是"字根助记歌"中打头的那个字根称为键名。绝大多数的键名本身就是一个汉字,如"金、工、日、已"等,也就是字根表中每个字母键所对应排在第一位的那个字根。五笔字型的字根分布在键盘的25个字母键上,每个字母键都有一个键名字。

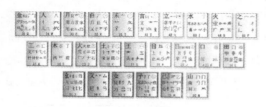

在五笔字型中共有25个键名,它们的输入方法就是连击4次字根所在的键位(如下表所示)。

键名字	区位号	按键
王	11	GGGG
土	12	FFFF
大	13	DDDD
木	14	SSSS
工	15	AAAA
目	21	HHHH
日	22	JJJJ
口	23	KKKK
田	24	LLLL
山	25	MMMM
禾	31	TTTT
白	32	RRRR
月	33	EEEE
人	34	WWWW
金	35	QQQQ
言	41	YYYY
立	42	UUUU

续表

键名字	区位号	按键
水	43	IIII
火	44	OOOO
之	45	PPPP
已	51	NNNN
子	52	BBBB
女	53	VVVV
又	54	CCCC
纟	55	XXXX

注意事项

有一些键名汉字同时也是简码,不用击打4次键位就可以输入,只要在输入的过程中,注意查看输入法状态条上的提示,同时按数字键即可选择,如输入"工",只需先按A键,再按1键。

【例4-1】使用五笔输入法在记事本中输入第一区和第二区的键名。视频

01 单击【开始】按钮,从弹出的【开始】菜单列表中选择【所有程序】|【附件】|【记事本】选项,启动记事本程序。

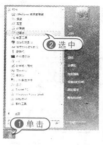

02 在任务栏中单击输入法图标按钮,从弹出的输入法列表中选择【王码五笔型86版】选项,切换到五笔输入法。

03 将光标定位在光标闪烁处,按4下G

键,输入汉字"王"。

04 使用同样的方法,分别按 4 下 F、D、S、A 键,依次输入汉字"土"、"大"、"木"、"工"。

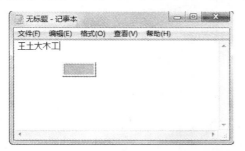

05 按 Enter 键换行,此时光标将定位在下一行,完成第一区键名字根的输入。

06 连续按 4 下 H 键,输入汉字"目"。

07 使用同样的方法,分别按 4 下 J、K、L、M 键依次输入汉字"日"、"口"、"田"、"山",完成第二区键名字根的输入。

08 输入完毕后,按 Ctrl+S 快捷键,打开【另存为】对话框,将练习保存。

4.3.2 输入成字字根

在五笔字型字根键盘的每个字母键上,除了键名汉字外,还有一些字根本身就是一个汉字,这些字根被称为成字字根(如下表所示)。

区号	成字字根
一区	戋、五、一、士、二、干、十、寸、雨、大、犬、三、古、石、厂、丁、西、戈、廿、艹、匚、七
二区	上、止、卜、丨、日、早、刂、虫、川、甲、四、车、力、由、贝、门、几、皿
三区	竹、攵、彳、丿、手、扌、斤、彡、乃、用、豕、亻、八、钅、勹、儿、夕
四区	讠、文、方、广、亠、丶、辛、六、疒、门、冫、氵、小、灬、米、辶、夂、宀、宀
五区	巳、己、尸、心、忄、羽、乙、了、耳、卩、阝、子、也、凵、刀、九、臼、彐、厶、巴、马、幺、弓、匕

输入成字字根的方法是首先击打一下成字字根所在的键(称之为"报户口"),然后按书写顺序输入该字根的第一、第二个单笔画和其最后一个单笔画,不足 4 键时击打空格键补全。使用公式概述为

编码 = 报户口+首笔画+次笔画+末笔画(不足 4 码,加打空格键)

成字字根的编码法体现了汉字分解的一个基本规则:"遇到字根,报完户名,拆分笔画"。

成字字根如果是偏旁部首倒是很容易辨认,如果是汉字就不容易区分了。不熟记成字字根的输入,就会很容易与键外汉字的输入相混淆,把成字字根也拆成"五笔字根"造成输入困难。因此熟记成字字根的输入方法是成为打字高手的必经之路。为了便于学习和记忆,下表总结出了常见成字字根

拆分与编码。

成字字根	拆分	编码
二	二 一	FG＋空格
三	三 一	DG＋空格
四	四 丨	LH＋空格
五	五 一	GG＋空格
六	六 、	UY＋空格
七	七 一	AG＋空格
九	九 丿	VT＋空格
力	力 丿	LT＋空格
刀	刀 乙	VN＋空格
手	手 丿	RT＋空格
也	也 乙	BN＋空格
由	由 丨	MH＋空格
车	车 一	LG＋空格
用	用 丿	ET＋空格
方	方 、	YY＋空格
早	早 丨	JH＋空格
几	几 丿	MT＋空格
儿	儿 丿	QT＋空格
马	马 乙	CN＋空格
小	小 丨	IH＋空格
心	心 、	NY＋空格
止	止 丨	HH＋空格
斤	斤 丿 丿	RTT＋空格
冫	冫 、 一	UYG＋空格
亻	亻 丿 丨	WTH＋空格
厶	厶 乙 、	CNY＋空格
刂	刂 丨 丨	JHH＋空格
冂	冂 一 乙	MHN＋空格
丁	丁 一 丨	SGH＋空格
乃	乃 丿 乙	ETN＋空格
亠	亠 、 一	YYG＋空格
八	八 丿 、	WTY＋空格
厂	厂 一 丿	DGT＋空格
竹	竹 丿	TTG＋空格
廿	廿 一 丨	AGH＋空格
耳	耳 一 丨	BGH＋空格
己	己 乙 一	NNG＋空格
古	古 一 丨	DGH＋空格
巴	巴 乙 丨	CNH＋空格
匕	匕 丿 乙	XTN＋空格
羽	羽 乙 、	NNY＋空格
十	十 一 丨	FGH＋空格
门	门 、 丨	UYH＋空格
弓	弓 乙 一	XNG＋空格
卜	卜 丨 、	HHY＋空格
皿	皿 丨 乙	LHN＋空格
广	广 、 丨 丿	YYGT

续表

成字字根	拆分	编码
士	士 一 丨 一	FGHG
卄	卄 一 丨 丨	AGHH
扌	扌 一 丨 一	RGHG
氵	氵 、 、 一	IYYG
灬	灬 、 、 、	OYYY
幺	幺 乙 乙 、	XNNY
石	石 一 丿 一	DGTG
贝	贝 丨 乙 、	MHNY
忄	忄 、 丨 丶	NYHY
彡	彡 丿 丿 丿	ETTT
尸	尸 乙 一 丿	NNGT
虫	虫 丨 乙 、	JHNY
文	文 、 一 、	YYGY
西	西 一 丨 一	SGHG
川	川 丿 丨 丨	KTHH
甲	甲 丨 乙 丨	LHNH
雨	雨 一 丨 、	FGHY
寸	寸 一 丨 、	FGHY
戈	戈 一 一 丿	GGGT
曰	曰 丨 乙 一	JHNG
干	干 一 一 丨	FGGH
夕	夕 丿 乙 、	QTNY
弋	弋 一 乙 丿	AGNT
犬	犬 一 丿 、	DGTY
辛	辛 、 一 丨	UYGH

4.3.3　输入 5 种单笔画

在五笔字型字根表中，有横（一）、竖（丨）、撇（丿）、捺（乀）、折（乙）这 5 种基本笔画，也称为 5 种单笔画，它们分别位于键盘上的 G、H、T、Y、N 键上。

在五笔输入法中，若按照成字字根的输入法的规定，打入字根所在的键后再打一下单笔画所在的键，即可输入单笔画字根，结果造成了它们的编码只有两码。中文里的汉字成千上万，如果让这 5 个不常用的"单笔画汉字"占用两码，显得非常可惜，于是使用一个更好的方法，将这 5 个单笔画字根占用的两码让给其他一些更常用的汉字，并且人为地在这两个正常码之后再加两个 L。加两个 L 的原因除了方便操作外，作为竖笔画结尾的单体型字识别键码也是极不常用的，足以保证这种定义码的唯一性。要加两个 L 而不是一个 L,是为了避免引起重码的现象。

 注意事项

24(L) 键可以定义重码的备用外码,因此 24(L) 键被称为"定义后缀"。

因此,单笔画的输入方法是
按单笔画所在键位两次+两次字母键 L

【例 4-2】使用五笔输入法在记事本中输入 5 种单笔画。🎬视频

01 启动记事本程序,在任务栏中单击输入法图标按钮,然后从弹出的输入法列表中选择【王码五笔型输入法 86 版】选项,切换到五笔输入法。

02 由于横笔画所在的键位是 G,则连续击打两下 G 键,然后再连续击打两次 L 键,即可完成"一"笔画的输入。

注意事项

"一"是一个使用频率很高的汉字,除了按照单笔画输入规则输入该单笔画外,还有更简便的输入方法:先击打 G 键,再击空格键。

03 再按下 Tab 键,输入 6 个空格。

04 此时使用同样的方法,完成其他单笔画字根的输入。

✏ 4.4 键外汉字的输入

键外汉字是指在五笔字根键盘上找不到的汉字。在五笔字型中,键外汉字以字根(包括 4 个、超过 4 个和不足 4 个)来进行编码,由于不同的键外汉字所含的字根数不同,因此其取码原则也不同。

4.4.1 输入正好 4 个字根汉字)))

在拆分汉字过程中,汉字拆分成的基本字根数目正好为 4 个,该汉字就被称为四元字。在这种情况下,按汉字的书写顺序拆分出 4 个字根,再依次取其 4 码即可。

例如,汉字"热"可拆分为"扌(R)、九(V)、丶(Y)、灬(O)"4 个字根,根据汉字拆分规则,取第一、二、三和最后一个字根,即得出其编码为 RVYO。

又如,汉字"特"可拆分为"丿(T)、扌(R)、土(F)、寸(F)"4 个字根,根据汉字拆分规则,取第一、二、三和最后一个字根,即得出其编码为 TRFF。

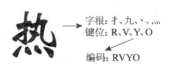

字根:扌、九、丶、灬
键位:R、V、Y、O
编码:RVYO

字根:丿、扌、土、寸
键位:T、R、F、F
编码:TRFF

常见的四元字举例如下。
蒙=艹+冖+一+豕(A、P、G、E)
庵=广+大+日+乙(Y、D、J、N)

俺＝亻＋大＋日＋乙（W、D、J、N）

碟＝石＋廿＋乙＋木（D、A、N、S）

凭＝亻＋丿＋土＋几（W、T、F、M）

侗＝亻＋冂＋一＋口（W、M、G、K）

转＝车＋二＋乙＋丶（L、F、N、Y）

都＝土＋丿＋日＋阝（F、T、J、B）

沛＝氵＋一＋冂＋丨（I、G、M、H）

4.4.2 输入超过 4 个字根汉字

在拆分汉字过程中，汉字拆分的基本字根数目大于 4 个，该汉字就被称为多元字。在这种情况下，则取第一、二、三和最后一个字根组成编码。

例如，汉字"赢"可拆分为"亠（Y）、乙（N）、口（K）、月（E）、贝（M）、几（M）、丶（Y）" 7 个字根，根据汉字拆分规则，取其第一、二、三和最后一个字根，即得出其编码为"亠（Y）、乙（N）、口（K）、丶（Y）"。

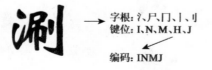

赢 → 字根：亠、乙、口、月、贝、几、丶
键位：Y、N、K、E、M、M、Y

编码：YNKY

又如，汉字"涮"可拆分为"氵（I）、尸（N）、冂（M）、丨（H）、刂（J）" 5 个字根，根据汉字拆分规则，取其第一、二、三和最后一个字根，即得出其编码为"氵（I）、尸（N）、冂（M）、刂（J）"。

涮 → 字根：氵、尸、冂、丨、刂
键位：I、N、M、H、J

编码：INMJ

常见的多元字举例如下。

撕＝扌＋廿＋三＋斤（R、A、D、R）

魃＝白＋儿＋厶＋又（R、Q、C、C）

翘＝七＋丿＋一＋羽（A、T、G、N）

鼎＝目＋乙＋𠃌＋乙（H、N、D、N）

窦＝宀＋八＋十＋大（P、W、F、D）

惬＝忄＋匚＋一＋人（N、A、G、W）

擒＝扌＋人＋文＋厶（R、W、Y、C）

牌＝丿＋丨＋一＋十（T、H、G、F）

徽＝彳＋山＋一＋攵（T、M、G、T）

4.4.3 输入不足 4 个字根汉字

在拆分汉字过程中，汉字拆分成的基本字根数目不足 4 个，该汉字就被称为二元字或三元字。

1. 二元字

只有两个字根的汉字，称为二元字。

例如，汉字"伯"，先取"亻（W）、白（R）"两个字根，然后输入识别码 G，再按一下空格键。

伯 → 字根：亻、白
键位：W、R
识别码：G

编码：WRG+空格

又如，汉字"千"，先取"丿（T）、十（F）"两个字根，然后输入识别码 K，再按一下空格键。

千 → 字根：丿、十
键位：T、F
识别码：K

编码：TFK+空格

常见的二元字举例如下。

户＝丶＋尸＋识别码 E（Y、N、E、空格）

仃＝亻＋丁＋识别码 H（W、S、H、空格）

卫＝卩＋一＋识别码 D（B、G、D、空格）

丹＝冂＋一＋识别码 D（M、Y、D、空格）

兀＝一＋儿＋识别码 V（G、Q、V、空格）

艾＝艹＋乂＋识别码 U（A、Q、U、空格）

丑＝乙＋土＋识别码D（N、F、D、空格）
草＝艹＋早＋识别码J（A、J、J、空格）
中＝口＋丨＋识别码K（B、H、K、空格）

2. 三元字

只有3个字根的汉字，称为三元字。

例如，汉字"串"，先取"口（K）、口（K）、丨（H）"三个字根，然后输入识别码K。

字根：口、口、丨
键位：K、K、H
识别码：K

编码：KKHK

又如，汉字"会"，先取"人（W）、二（F）、厶（C）"三个字根，然后输入识别码U。

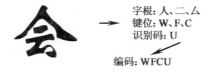

字根：人、二、厶
键位：W、F、C
识别码：U

编码：WFCU

常见的三元字举例如下。

芰＝艹＋十＋又＋识别码U（A、F、C、U）
字＝十＋宀＋子＋识别码F（F、P、B、F）
丙＝一＋门＋人＋识别码I（G、M、W、I）
鬼＝白＋儿＋厶＋识别码I（R、Q、C、I）
毛＝丿＋二＋乙＋识别码V（T、F、N、V）
芸＝艹＋二＋厶＋识别码U（A、F、C、U）
体＝亻＋木＋一＋识别码G（W、S、G、G）
屉＝尸＋廿＋乙＋识别码V（N、A、N、V）
牙＝匚＋丨＋丿＋识别码E（A、H、T、E）

4.5 末笔字型识别码的识别

在五笔字型中，有很多汉字拆分后不足4个字根。这时，就需要依据末笔字型识别码来输入汉字。本节主要介绍末笔字型识别码的由来、组成和使用方法。

4.5.1 末笔字型识别码由来

五笔输入法输入汉字的特点就是笔画越多的字越易于输入，笔画越少的字越难于输入。

对于一些不足四码的汉字，如"沐"、"汀"和"洒"，它们的拆字方法都一样，编码均为IS。

$$沐＝氵＋木 \quad 汀＝氵＋丁$$
$$洒＝氵＋西$$

单凭字根不能完全区分汉字的编码，因此使用末笔字型识别码来进行区分，即在输入字根后再输入一个末笔字型识别码加以区别。

▶ 汉字"沐"，末笔为"、"，属于左右型，故其末笔字型代码为Y，因而该汉字的编码为ISY。

▶ 汉字"汀"，末笔为"丨"，属于左右

型，故其末笔字型代码为H，因而该汉字的编码为ISH。

▶ 汉字"洒"，末笔为"一"，属于左右型，故其末笔字型代码为G，因而该汉字的编码为ISG。

这样就使处于同一键位上的这3个汉字具有了不同的编码，最后一个末笔的代表字母就叫末笔识别码。

另外，构成汉字的基本字根之间存在着一定的位置关系。例如，汉字"只"和"叭"，虽然它们的位置关系不同，但它们都是由字根"口"和"八"组成，编码均为KW。

$$只＝口＋八 \quad\quad 叭＝口＋八$$

这两个字的编码完全相同，因此出现了重码，此时同样需要使用末笔字型识别码来进行区分。

▶ 汉字"只"，末笔为、，属于上下型，

故其末笔字型代码为 U,因而该汉字的编码为 KWU。

▶ 汉字"叭",末笔同样为、,但属于左右型,故其末笔字型代码为 Y,因而该汉字的编码为 KWY。

由此看出这两个字的编码有了一定的变化,最后一个字型的代表字母就叫字型识别码。

综上所述,为了避免出现重码,有时需要加末笔识别码,有时需要加字型识别码,这两种识别码统称为"末笔字型识别码",简称为"识别码"。

注意事项

添加末笔字型识别码是五笔字型中用来处理重码的方法,它只适用于两、三个字根组成的字,但是并非所有两、三个字根的字都需要加识别码,凡是由五笔字型编码系统定义为简码的汉字,都不需要加识别码。

4.5.2 末笔字型识别码的组成

末笔字型识别码是为减少重码而补码的代码。末笔字型识别码包括末笔识别码和字型识别码,即由"末笔"和"字型"两部分组成。

在两位的末笔识别码中,前一位是末笔笔画代号,汉字末笔的横、竖、撇、捺和折 5 种笔画代号分别为 1~5,后一位是字型代号(左右型为 1,上下型为 2,杂合型为 3),组合形式如下表所示。

根据汉字的各个基本字根在整字中所处的位置关系,可以把汉字分为 3 种类型。

▶ 左右型:左右型的代号为 1,该型字的末笔按键在每区的第一键位。如"汉、汀、洒、仅、沐"等。

	左右型 1	上下型 2	杂合型 3
横 1	11　G	12　F	13　D
竖 2	21　H	22　J	23　K
撇 3	31　T	32　R	33　E
捺 4	41　Y	42　U	43　I
折 5	51　N	52　B	53　V

▶ 上下型:上下型的代号为 2,该型字的末笔按键在每区的第二键位。如"字、全、分、花、华"等。

▶ 杂合型:杂合型的代号为 3,该型字的末笔按键在每区的第三键位。如"困、凶、这、司、进"等。

从数学角度来说,末笔识别码共有 5×3＝15 种组合(11~13、21~23、31~33、41~43、51~53),故对应 15 个字母。

根据末笔识别码的编码规则,用户便可以写出需要末笔区分的汉字代码。

识别码:11 G,编码:WRG+空格

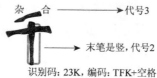

识别码:23K,编码:TFK+空格

识别码:23K,编码:KKHK

识别码:42U,编码:WFCU

4.5.3 识别码的特殊约定

在使用识别码时,须注意以下特殊约定。

▶ "近、进、运、远"等字,不以"辶"为末笔画,而是约定以去掉"辶"后的整个字的末笔作为末笔画来构造识别码。即由"辶"、"廴"等组成的半包围结构的汉字,它们的末笔约定以被包围部分的末笔作为末笔画来构造识别码。因为带"辶"、"廴"的汉字实在太多,如果都作考虑,那好多字的识别码都是一样的。

识别码: 23K, 编码: RPK+空格

识别码: 53V, 编码: FQPV

▶ "团、回、国"等字,不以"囗"为末笔画。即由"囗"组成的全包围的汉字,它们的末笔约定以被包围部分的末笔作为末笔画来构造识别码。

识别码: 33E, 编码: LFTE

识别码: 13D, 编码: LKD+空格

▶ 所有的键名字和成字字根都不再使用识别码。如"厂"(编码:DGT),虽不足四码,也不用识别码。

▶ 对于"义、太、勺"等字中的单独点,离字根的距离很难确定,可远可近,因此规定这种单独点与其附近的字根是相连的。

既然连在一起,便属于杂合型(代号 3)。其中"义"为特殊字,它的笔顺还需要按"从上到下"的原则,认为是"先点后撇";而"太"、"勺"则都是以捺"、"为识别码。

识别码: 43I, 编码: YQI+空格

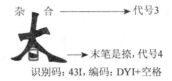

识别码: 43I, 编码: DYI+空格

▶ 关于"刀、力、九、匕"等汉字,鉴于这些字根的笔顺常常因人而异,特别规定为当它们参加识别时,一律以其伸得最长的折"乙"笔画作为末笔。例如,汉字"花",就是以"折"为识别码。

识别码: 52B, 编码: AWXB

▶ "我"、"成"、"戈"等字的末笔遵从"从上到下"的原则,因此一律规定取撇"丿"作为末笔画。例如,汉字"我"的末笔画为"丿(T)",其编码为 TRNT。

▶ 以下各字为杂合型(代号 3):司、床、厅、龙、尼、式、反、办、后、皮、习、处、疗、压、死;但另外一些相似的字,如右、左、布、包、者、有、友、看、灰、冬等均视为上下型(代号 2)。

注意事项

拆分不足 4 个字根,并添加识别码后仍然不足 4 码,则补打空格键输入。

4.5.4 识别码的快速判断

在了解识别码的编码规则后，用户可以使用以下方法快速判断汉字的识别码。

1. 判断左右型汉字识别码

对于左右型(代号 1)的汉字，当输完字根后，补打一个末笔笔画就相当于加了一个识别码。现举例如下。

- 钟(1 型)：钅、口、丨、丨，其末笔画为“丨”，补一个“丨(H)”即为识别码，编码为 QKHH。
- 仃(1 型)：亻、丁、丨，其末笔画为“丨”，补一个“丨(H)”即为识别码，编码为 WSH。
- 冰(1 型)：冫、水、丶，其末笔画为“丶”，补一个“丶(Y)”即为识别码，编码为 UIY。
- 杉(1 型)：木、彡、丿，其末笔画为“丿”，补一个“丿(T)”即为识别码，编码为 SET。

2. 判断上下型汉字识别码

对于上下型(代号 2)的汉字，当输完字根后，补打由两个末笔画复合构成的“字根”就相当于加了一个识别码。现举例如下。

- 奁(2 型)：大、耳、二，其末笔画为“一”，补打“二(F)”即为识别码，编码为 DBF。
- 军(2 型)：冖、车、刂，其末笔画为“丨”，补打“刂(J)”即为识别码，编码为 PLJ。
- 忘(2 型)：亠、乙、心、冫，其末笔画为“丶”，补打“冫(U)”即为识别码，编码为 YNNU。

3. 判断杂合型汉字识别码

对于杂合型(代号 3)的汉字，当输完字根后，补打由 3 个末笔画复合构成的“字根”就相当于加了一个识别码。现举例如下。

- 冉(3 型)：冂、土、三，其末笔画为“一”，补打“三(D)”即为识别码，编码为 MFD。
- 瘴(3 型)：疒、立、早、川，其末笔画为“丨”，补打“川(K)”即为识别码，编码为 UUJK。
- 曳(3 型)：日、匕、彡，其末笔画为“丿”，补打“彡(E)”即为识别码，编码为 JXE。
- 丙(3 型)：一、冂、人、氵，其末笔画为“丶”，补打“氵(I)”即为识别码，编码为GMWI。
- 远(3 型)：二、儿、辶、巛，其末笔画为“乚”，补打“巛(V)”即为识别码，编码为 FQPV。

汉字末笔识别码快速判断举例如下。

伯＝亻＋白＋一(W、R、G、空格)
艾＝艹＋乂＋冫(A、Q、U、空格)
兀＝一＋儿＋巛(G、Q、V、空格)
卫＝卩＋一＋三(B、G、D、空格)
中＝口＋丨＋川(B、H、K、空格)
丹＝冂＋亠＋三(M、Y、D、空格)
千＝丿＋十＋川(T、F、K、空格)
户＝丶＋尸＋彡(Y、N、E、空格)
孛＝十＋冖＋子＋二(F、P、B、F)
牙＝匚＋丨＋丿＋彡(A、H、T、E)
毛＝丿＋二＋乙＋巛(T、F、N、V)
体＝亻＋木＋一＋一(W、S、G、G)
串＝口＋口＋丨＋川(K、K、H、K)
会＝人＋二＋厶＋冫(W、F、C、U)

4.6 实战演练

本章的实战演练部分介绍使用五笔输入法输入诗歌综合实例操作，用户可通过练习从而巩固本章所学知识。

> 【例4-3】在记事本中输入中唐时期诗人聂夷中的诗歌《锄禾》。
>
> 📀 视频+素材 （光盘素材\第04章\例4-3）

01 单击【开始】按钮,从弹出的【开始】菜单列表中选择【所有程序】|【附件】|【记事本】选项,启动记事本程序。

02 单击输入法图标按钮,从弹出的输入法列表中选择【王码五笔型86版】选项,切换到五笔输入法。

03 使用本章所学的知识对诗歌名的第1个汉字"锄"进行分析。该字由字根"钅、月、一、力"组成,根据键外字取码规则,得出其编码为QEGL。因此,依次按Q、E、G、L键位,录入该字。

04 汉字"禾"属于成字字根,位于键盘的T键位上,只需要按4次该键位即可输入。

05 按Enter键换行,此时光标将定位到下一行,输入汉字"中",由字根"口、丨、川(识别码快速判断:最后一笔为竖且为杂合型)"组成,得出其编码为"KHK"。因此,依次按K、H、K键位+空格键,即可录入。

06 继续输入汉字"唐",由字根"广、彐、丨、口"组成,得出其编码"YVHK"。因此,依次按Y、V、H、K键位,即可录入。

07 按Shift+—组合键录入破折号后,使用同样的方法分析汉字编码,输入诗人名"聂夷中"。

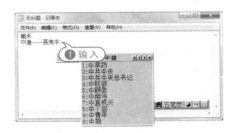

08 使用同样的方法分析汉字编码,完成整首诗歌的输入;最后按Ctrl+S快捷键,将练习结果以"锄禾"为名进行保存。

 4.7 专家答疑

 一问一答

问：五笔字型汉字拆分取码的五项原则是什么？

答：五笔字型汉字拆分取码的五项原则如下。

（1）从形取码，其顺序按书写规则，即从左到右、从上到下、从外到内。

（2）取码以130种基本字根为单位，按4下按键即可输入键名汉字。

（3）不足4个字根时，输完字根后补打末笔字型识别码或空格键。

（4）对于等于或超过4个字根的汉字，按第一笔、第二笔、第三笔和最末笔代码的顺序最多取4码。

（5）"基本字根请照搬"和"顺序拆分大优先"是汉字的拆分原则，表示在拆分中以基本字根为单位，并且在拆分时按照"取大优先"原则，尽可能先拆出笔画多的字根（或者拆分出的字根数量尽量少）。

这五项原则可以用以下"五笔字型编码口诀"来概括，即

五笔字型均直观，依照笔顺把码取；

键名汉字打4下，基本字根请照搬；

一二三末取4码，顺序拆分大优先；

不足4码要注意，末笔字型补后边。

 一问一答

问：如何概括键外汉字的取码规则？

答：键外汉字的取码规则概括如下：含4个或4个以上字根的汉字，根据汉字的拆分原则，取第一、二、三和最后一个字根的编码；不足4个字根的汉字，编码为包括字根码以外还得补加一个识别码，如仍然不足4码可按空格键。

 一问一答

问：如何快速记忆识别码的取法？

答：根据字根分布规律，得出顺口溜："一横G、二横F、三横D，一竖H、二竖J、三竖K，一撇T、二撇R、三撇E，一捺Y、二捺U、三捺I，一折N、二折B、三折V"。借用这一字根分布规律，记住识别码的取法。例如输入"青"字，字型是上下型（二），末笔画是横，由"二横F"就得到"青"字的识别码为F。

一问一答

问：如何输入偏旁部首？

答：在五笔输入法中，输入偏旁部首的方法与输入成字字根的方法完全相同，具体方法如下：先击打一下偏旁部首字根所在的键位，然后按偏旁部首的书写顺序依次击打它的第一、第二和末笔笔画所在的键位，若不足4码补击空格键。

第5章

输入简码和词组

为了保证五笔字型编码系统能够为所有汉字都给出一个编码,必须采用四码制。五笔字型编码系统又对一码、二码、三码等短码加以利用,创设了简码字。另外,又将一部分两个以上的词和词组定义为一个整体,可用四码输入。

参见随书光盘

5.1　简码的输入

在五笔输入法中,简码是指对常用汉字取其编码的第1~3个字根进行编码后加空格键输入的汉字,从而提高汉字的输入速度。根据所取字根数目的不同,简码可分为一级简码、二级简码和三级简码。

5.1.1　输入一级简码

一级简码有25个,它们都是最常用的汉字,称为高频字码。在5个区25个键位上,根据每个键位上的字根形态特征,都安排了一个最常用的高频汉字。

虽然一级简码的记忆比字根容易很多,但它们一样有分布规律,其分布规律如下:一区放置横起笔的汉字,二区放置竖起笔的汉字,三区放置撇起笔的汉字,四区放置捺起笔的汉字,五区放置折起笔的汉字,且它们的第二笔笔画与位号有时是一致的。

键名	Q	W	E	R	T	Y	U	I	O	P
简码	我	人	有	的	和	主	产	不	为	这
键名	A	S	D	F	G	H	J	K	L	
简码	工	要	在	地	一	上	是	中	国	
键名	Z	X	C	V	B	N	M			
简码		经	以	发	了	民	同			

一级简码的输入方法如下:按一下简码所在键位的按键,然后再按一下空格键。例如,输入"这"字,先按P键位一次,再按空格键一次即可。

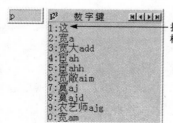

按下P键,再按空格键输入"这"

当然,25个高频字的一级简码也可以用全码输入。例如,输入"这"字时,根据快速判断末笔字型识别码的方法,可以得到"这"属于杂合型(代码3),末笔画"、"3型,补打"辶(I)",因此,依次按键盘上的Y、P、I键,即可输入该字。

专家指点

按5个区将一级简码编成如下的口诀:一地在要工,上是中国同,和的有人我,主产不为这,民了发以经。记忆口诀时,将双手放在键盘上,一边依次敲击相应的键位,一边念口诀,反复地练习就可将它牢记于心。

除了通过背口诀的方式来记忆一级简码外,还可以通过联想记忆来记忆一级简码。联想记忆规则如下。

▶ 除"不、有"两字位,它们都是按首笔画排入5个区的。例如,一、地、在、要、工的第一笔都是"一",所以排在第一区;上、是、中、国、同的第一笔都是"丨",所以排在第二区;和、的、人、我的第一笔都是"丿",所以排在第三区;主、产、为、这的第一笔都是"、",所以排在第四区;民、了、发、以、经的第一笔都是"乙",所以排在第五区。

▶ 绝大多数的第二笔画符合各区中"一、丨、丿、、、乙"这5位的规律,许多高频字的第一个字根(个别字是第二个字根)即在该键位上。例如,横区:1区2位土"地",1区3位㔾"在",1区4位西"要";竖区:2区2

位日"是",2区3位口"中",2区4位口"国",2区5位门"同";撇区:3区1位禾"和",3区2位白"的",3区3位"有"的第二个字根为月,"我"为特例,要死记;折区:5区1位已"民",5区2位子"了",5区5位纟"经","发(第二字根为丿)、以(第二字根为丶)"符合3、4位规律。

▶ 捺区的高频字是按逐次加点(丶、冫、氵、灬)的规律性排列。例如,"主"字上有一点;"产"字中间有两点,而且它由键名字"立"加丿组成;"不"字的第二个字根是"小",可以将其看作3点,因此"小"字根置于4区3位上;"为"字的繁体下面有4点,故排在4区4位;"这"字是由"辶"组成的半包围的汉字,而"辶"是4区5位上的一个字根。

【例5-1】在记事本中输入一级简码"主产不为这,民了发以经"。▶视频

01 单击【开始】按钮,从弹出的【开始】菜单列表中选择【所有程序】|【附件】|【记事本】选项,启动记事本程序。

02 在任务栏中单击输入法图标按钮▦,从弹出的输入法列表中选择【王码五笔型86版】选项,切换到五笔输入法。

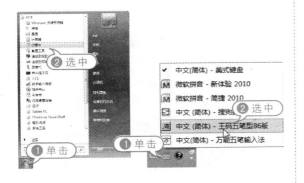

▶ 按一下简码"主"所在的键位Y键后,再按一下空格键,即可输入汉字"主"。

▶ 使用同样的方法,输入第四区放置的其他一级简码。

▶ 按","键位,输入标点符号,按一下简码"民"所在的键位N键后,再按一下空格键,即可输入汉字"民"。

▶ 使用同样的方法,输入第五区放置的其他一级简码。

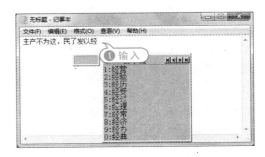

5.1.2 输入二级简码

二级简码与一级简码类似,但二级简码汉字由单字全码的前两个字根码组成,即二级简码的汉字编码有两码。

二级简码的输入方法如下:依次按汉字的前两个字根所在的键位,再按一下空格键。例如,"姨"字应拆分为女(V)、一(G)、弓(X)和人(W),在输入时只需先按 V 和 G 键,再按下空格键即可。

25 个键位中最多允许 625(25×25)个汉字可用二级简码输入,如下表所示。

	GFDSA	HJKLM	TREWQ
G	五于天末开	下理事画现	玫珠表珍列
F	二寺城霜载	直进吉协南	才垢圾夫无
D	三夺大厅左	丰百右历面	帮原胡春克
S	本村枯林械	相查可楞机	格析极检构
A	七革基苛式	牙划或功贡	攻匠菜共区
H	睛睦睚盯虎	止旧占卤贞	睡睥肯具餐
J	量时晨果虹	早昌蝇曙遇	昨蝗明蛤晚
K	呈叶顺呆呀	中虽吕另员	呼听吸只史
L	车轩因困轼	四辊加男轴	力斩胃办罗
M	同财央朵曲	由则迥崭册	几贩骨内凤
T	生行知条长	处得各务向	笔物秀答称
R	后持拓打找	年提扣押抽	手折扔失换
E	且肝须采肛	莆胆肿肋肌	用遥朋脸胸
W	全会估休代	个介保佃仙	作伯仍从你
Q	钱针然钉氏	外旬名甸负	儿铁角欠多
Y	主计庆订度	让刘训为高	放诉衣认义
U	闰半关亲并	站间部曾商	产瓣前闪交
I	汪法尖洒江	小浊澡渐没	少泊肖兴光
O	业灶类灯煤	粘烛炽烟灿	烽煌粗粉炮
P	定守害宁宽	寂审宫军宙	客宾家空宛
N	怀导居怀民	收慢避惭届	必怕 愉懈
B	卫际承阿陈	耻阳职阵出	降孤阴队隐
V	姨寻姑杂毁	叟旭如舅妯	九姝奶臾婚
C	骊对参骠戏	骒台劝观	矣牟能难允
X	线结顷缥红	引旨强细纲	张绵级给约

续表

	YUIOP	NBVCX
G	玉平不来琮	与屯妻到互
F	坟增示赤过	志地雪支坜
D	太磁砂灰达	成顾肆友龙
S	术样档杰棕	杨李要权楷
A	芳燕东蒌芝	世节切芭药
H	眩瞳步眯瞎	卢 眼皮此
J	景暗晃显晕	电最归紧昆
K	嘛喋吵咪喧	叫啊哪吧哟
L	罚较 辚边	思团轨轻累
M	凡赠峭嶙迪	岂邮 凤嶷
T	入科秒秋管	秘季委么第
R	扩拉朱搂近	所报扫反批
E	及胶腔膦爱	甩服妥肥脂
W	信们偿伙依	亿他分公化
Q	久均乐炙锭	包凶争色锫
Y	方说就变这	记离良充率
U	六立冰普帝	决闻妆冯北
I	注洋水淡学	沁池当汉涨
O	米料炒炎迷	断籽娄烃糯
P	社实宵灾之	官字安 它
N	心习悄屡忱	忆敢恨怪尼
B	防联孙耿辽	也子限取陛
V	妨嫌录灵巡	刀好妇妈姆
C	驻骈 驼	马邓艰双
X	纺弱纱继综	纪弛绿经比

注意事项

并不是所有的汉字都可以使用二级简码来输入。使用上表中的二级简码输入某个汉字时,可先击打它所在行的字母键,再击打它所在列的字母键。例如,要输入汉字"怀",先击打它所在行的字母键 N,再击打它所在列的字母键 G,再按空格键即可。

二级简码数量比较多,想在短时间内熟记它们,可以使用以下特殊记忆方法。

▶ 二级简码中是键名字、成字字根的字共有 24 个:车、也、用、力、手、方、小、米、由、几、心、马、立、大、水、之、子、二、三、四、五、七、九、旱。

▶ 二级简码中的称谓词:奶、妈、姆、姑、舅、姨、夫、妻。

▶ 二级简码中的动物名称:燕、驼、马、

虎、蝗、蛤。

▶ 把字形相近(即相同偏旁、部首)的字分组记忆,如"占、卤、站、粘"都有一个"占"字,放一起联想记忆,很容易记住。

▶ 对于那些笔画和字根较多、字型复杂不容易归类的字,只有强记,再加上多练习,才能达到熟记的目的。

 专家指点

在记忆二级简码表时,由于二级简码的字数太多,因此不能死记,要多看表,从中找出规律。

5.1.3 输入三级简码

三级简码由单字的前3个字根码组成,只要一个汉字的前3个字根代码在整个编码体系中是唯一的,一般都可以使用三级简码输入。在五笔输入法中,可以使用三级简码输入的汉字共有4 400多个,因此无需一一背诵出来,只要在实际中掌握一些规律。

三级简码的输入方法如下:取汉字的前3个字根,再按空格键,即第1个字根+第2个字根+第3个字根+空格键。

例如,"洗"字由4个以上的字根组成,应拆分为氵、丿、土和儿,这4个字根依次按I、T、F、Q键位,传统地输入该汉字。使用三级简码输入法的方法,按下I、T、F键"洗"字就显示在字词列表框中,再按下空格键即可输入该字。

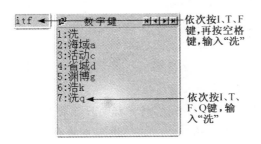

依次按I、T、F键,再按空格键,输入"洗"

依次按I、T、F、Q键,输入"洗"

专家指点

有时同一个汉字可有几种简码。例如,汉字"经"同时有一、二、三级简码及全码等4种输入方式,编码分别为X、XC、XCA及XCAG,这就为汉字输入提供了很大的方便。

三级简码的输入虽然没有减少总的击键次数(4次),但用空格键代表了末笔字根或末笔识别码,节省了鉴别和判断的时间,仍然提高了汉字的输入速度。

【例5-2】在记事本中输入以下三级简码字:
英语老师总需更新母语
起初讲课请书写其讲议
考试差错但还准许再填
📀视频+素材 (光盘素材\第05章\例5-2)

01 启动记事本程序,单击任务栏中输入法图标按钮，从弹出的输入法列表中选择【王码五笔型86版】选项,切换到五笔输入法。

02 对于汉字"英",根据三级简码的输入方法取汉字"英"的前3个字根"艹、冂、大",即按A、M、D键,再按空格键,即可输入。

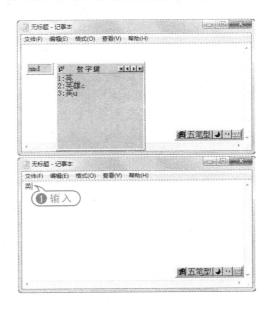

03 按两下空格键,将光标向右移动2个字符,然后按Y、G、K键,再按空格键,输入汉字"语"(根据三级简码的输入方法取汉字"语"的前3个字根"讠、五、口")。

04 使用同样的方法,输入其他三级简码字。(注意:按 Enter 键换行)

05 按 Ctrl+S 快捷键,将练习结果以"三级简码字练习"为名进行保存。

专家指点

根据三级简码字的输入方法,逐一推理出汉字的编码:老(FTX)、师(JGM)、总(UKN)、需(FDM)、更(GJQ)、新(USR)、母(XGU)、语(YGK)、起(FHN)、初(PUV)、讲(YFJ)、课(YJS)、请(YGE)、书(NNH)、写(PGN)、其(ADW)、讲(YFJ)、议(YYQ)、考(FTG)、试(YAA)、差(UDA)、错(QAJ)、但(WJG)、还(GIP)、准(UWY)、许(YTF)、再(GMF)、填(FFH)。

5.2 词组的输入

为了能最大限度地提高打字的速度,五笔输入法提供了词语输入功能。词语又叫词组,由两个或两个以上的汉字组成,并具有一定的意义。在五笔输入法中,最多编码只有4码,这也包括词语。本节将主要介绍双字词组、三字词组、四字词组和多字词组的输入方法。

5.2.1 输入双字词组

二字词组在汉语词汇库中所占据的比重非常大,熟练掌握二字词组的输入是用户提高文字输入速度的关键。

二字词组的取码规则如下:按书写顺序,取两个字的全码的前两个代码,共四码(即第一个字的第一个字根+第一个字的第二个字根+第二个字的第一个字根+第二个字的第二个字根)。

例如,输入二字词组"中国",分别取两个汉字的前两个字根码"口、丨、口、王",其完整编码为 KHLG;输入二字词组"江苏",分别取两个汉字的前两个字根码"氵、工、艹、力",其完整编码为 IAAL。

【例5-3】 在记事本中输入以下的双字词组:

中国　选择　爱情
经济、探索　系统
历史　回忆　版本

📹视频+素材 (光盘素材\第05章\例5-3)

01 启动记事本程序,单击任务栏中输入法图标按钮🖼,从弹出的输入法列表中选择【王码五笔型86版】选项,切换到五笔输入法。

02 分析出词语"中国"中各字的前两个字根组成"口、丨、口、王",即可推理出其编码为 KHLG,然后依次击打键盘上的 K、H、L、G 键位,输入该词组。

03 按下 Tab 键,将光标向后移动4个字符,然后分析出词组"选择"中各字的前两个字根

"丿、土、扌、又",推出编码为 TFRC,依次击打键盘上的 T、F、R、C 键位,输入该词组。

04 按下 Tab 键,分析出词组"爱情"中各字的前两个字根"爫、冖、忄、圭",推出编码为 EPNG,依次击打键盘上的 E、P、N、G 键位,输入该词组。

05 按 Enter 键换行,分析推理出词组"经济(纟、又、冫、文)"、"探索(扌、冖、十、冖)"和"系统(丿、幺、纟、一)"的编码分别为 XCIY、RPFP 和 TXXY,根据编码依次按词组所在的键位以及 Tab 键,输入这些词组。

06 按 Enter 键,继续换行,再分析推理出词组"历史(厂、力、口、乂)"、"回忆(口、口、忄、乙)"和"版本(丿、丨、木、一)"的编码分别为 DLKQ、LKNN 和 THSG,根据编码依次按词组所在的键位以及 Tab 键,输入这些词组。

07 按 Ctrl+S 快捷键,将练习结果以"双字词组练习"为名进行保存。

5.2.2 输入三字词组

三字词组是由 3 个汉字组成,且也是具有一定的意义的词组。

三字词组的取码规则如下:取前两字的第一码,再取最后一字的前两码,共四码(即第一个字的第一个字根+第二个字的第一个字根+最后一个汉字的前两个字根)。例如,输入三字词组"亚运会",分别取前两个汉字的第一个字根"一、二",再取第三个汉字的前两个字根"人、二",其完整编码为 GFWF;输入三字词组"研究生",分别取前两个汉字的第一个字根"石、宀",再取第三个汉字的前两个字根"丿、圭",其完整编码为 DPTG。

为了方便用户进行三字词组的练习,下表列出了一些常用三字词组编码。

三字词组	拆分	编码
奥运会	丿、二、人、二	TFWF
解放军	勹、方、冖、车	QYPL
会议厅	人、讠、厂、丁	WYDS
照相机	日、木、木、几	JSSM
注意力	氵、立、乙、丿	IULT
电视台	日、礻、厶、口	JPCK
劳动者	艹、二、土、丿	AFFT
驾驶员	力、马、口、贝	LCKM
动物园	二、丿、口、二	FTLF
标准化	木、冫、亻、匕	SUWX
现代化	王、亻、亻、匕	GWWX
唯物论	口、丿、讠、人	KTYW
相对论	木、又、讠、人	SCYW

轻松学 五笔打字与文档处理

【例5-4】在记事本中输入以下的三字词组：

委员会 百分比 印度洋
司令员 人生观 革命化
科学家 二进制 教研室

视频+素材 （光盘素材\第05章\例5-4）

01 启动记事本程序，单击任务栏中输入法图标按钮，从弹出的输入法列表中选择【王码五笔型86版】选项，切换到五笔输入法。

02 分析出三字词组"委员会"中前两个汉字的第一个字根组成为"禾、口"，第三个汉字的前两个字根组成为"人、二"，即可推理出其编码为TKWF，依次击打键盘上的T、K、W、F键位，输入该三字词组。

03 按下Tab键，将光标向后移动4个字符，然后分析出三字词组"百分比（ノ、八、匕、匕）"的编码为DWXX，依次击打键盘上的D、W、X、X键位，输入该词组。

04 继续按下Tab键，将光标向后移动4个字符，然后分析出三字词组"印度洋"的编码

为QYIU，依次击打键盘上的Q、Y、I、U键位，输入该词组。

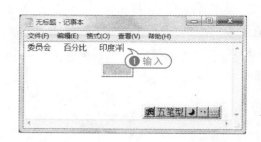

05 按Enter键换行，再分别推理三字词组"司令员"、"人生观"和"革命化"的编码NWKM、WTCM和AWWX，依次按编码所在的键位以及Tab键，输入这些三字词组。

06 继续按Enter键换行，然后使用同样的方法依次输入最后一行的三字词组（"科学家"、"二进制"和"教研室"的编码分别为TIPE、FFRM和FDPG）。

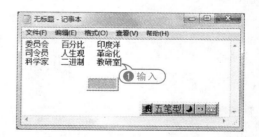

07 按Ctrl＋S快捷键，将练习结果以"三字词组练习"为名进行保存。

5.2.3 输入四字词组

四字词组是由4个汉字组成，并具有一定的意义的词组。

四字词组的取码规则如下：各取每字的第一码即可，共四码（即第一个字的第一个字根＋第二个字的第一个字根＋第三个字的第一个字根＋第四个字的第一个字根）。例如，输入四字词组"和平共处"，分别取4个汉字的第一个字根"禾、一、艹、夂"，其完整编码为 TGAT；输入四字词组"莫名其妙"，分别取4个汉字的第一个字根"艹、夕、艹、女"，其完整编码为 AQAV。

下表列出了一些常用四字词组的编码，供用户参考练习。

四字词组	拆 分	编 码
全心全意	人、心、人、立	WNWU
翻天覆地	丿、一、西、土	TGSF
想方设法	木、宀、讠、氵	SYYI
丰衣足食	三、宀、口、人	DYKW
百折不挠	𠂉、扌、一、扌	DRGR
安全检查	宀、人、木、木	PWSS
满腔热情	氵、月、扌、忄	IERN
不可否认	一、丁、一、讠	GSGY
精益求精	米、丷、十、米	OUFO

【例5-5】在记事本中输入以下的四字词组：
轻描淡写　无可奈何　讳疾忌医
程序设计　恰如其分　组织纪律
综合利用　名胜古迹　新陈代谢
视频+素材 （光盘素材\第 05 章\例 5-5）

01 启动记事本程序，单击任务栏中输入法图标按钮▣，从弹出的输入法列表中选择【王码五笔型86版】选项，切换到五笔输入法。

02 分析出四字词组"轻描淡写"中4个汉字的第一个字根组成为"车、扌、氵、宀"，即可推理出其编码为 LRIP，依次击打键盘上的 L、R、I、P 键位，输入该四字词组。

03 按下 Tab 键，将光标向后移动 2 个字符，然后分析出四字词组"无可奈何（二、丁、大、亻）"的编码为 FSDW，依次击打键盘上的 F、S、D、W 键位，输入该词组。

04 继续按下 Tab 键，移动光标位置，再分析出四字词组"讳疾忌医（讠、疒、己、匚）"的编码为 YUNA，依次击打键盘上的 Y、U、N、A 键位，输入该词组。

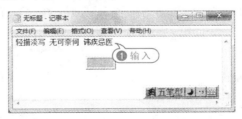

05 按 Enter 键换行，再分别推理四字词组"程序设计（禾、广、讠、讠）"、"恰如其分（忄、女、艹、八）"和"组织纪律（纟、纟、纟、彳）"的编码 TYYY、NVAW 和 XXXT，依次按编码所在的键位以及 Tab 键，输入这些四字词组。

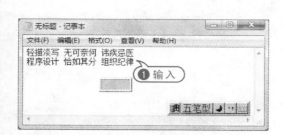

06 继续按 Enter 键换行，再使用同样的方法，依次输入最后一行的四字词组"综合利用（纟、人、禾、用）"、"名胜古迹（夕、月、古、一）"和"新陈代谢（立、阝、亻、讠）"（编码分别为 XWTE、QEDY 和 UBWY）。

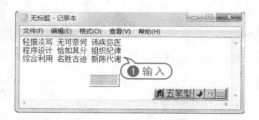

07 按 Ctrl＋S 快捷键，将练习结果以"四字词组练习"为名进行保存。

5.2.4 输入多字词组

多字词组是由 5 个或者 5 个以上的汉字组合而成，并且它们是具有一定的意义的词组。

多字词组的编码规则如下：取第一、二、三及最后一个字的第一码，共四码（即第一个字的第一个字根＋第二个字的第一个字根＋第三个字的第一个字根＋最后一个字的第一个字根）。例如，输入多字词组"全国人民代表大会"，分别取第一、二、三和最后一个汉字的字根"人、囗、人、人"，其完整编码为 WL-WW；输入多字词组"中央人民广播电台"，分别取第一、二、三和最后一个汉字的字根"口、冂、人、厶"，其完整编码为 KMWC。

下表列出了一些常用多字词组的编码，供用户参考练习。

多字词组	拆 分	编 码
军事委员会	冖、一、禾、人	PGTW
历史唯心主义	厂、口、忄、丶	DKKY
发展中国家	乙、尸、囗、宀	NNKP
中国人民解放军	口、囗、人、冖	KLWP
坚持四项基本原则	刂、扌、四、贝	JRLM
毛泽东思想	丿、氵、七、木	TIAS
中华人民共和国	口、亻、人、囗	KWWL
新技术革命	立、扌、木、人	URSW
马克思主义	马、古、田、丶	CDLY
为人民服务	丿、人、コ、夂	YWNT

【例 5-6】在记事本中输入以下的多字词组：

  中央电视台 中国共产党

  理论联系实际 百闻不如一见

  可望而不可及 当一天和尚撞一天钟

视频+素材（光盘素材\第 05 章\例 5-6）

01 启动记事本程序，单击任务栏中输入法图标按钮，从弹出的输入法列表中选择【王码五笔型 86 版】选项，切换到五笔输入法。

02 分析出多字词组"中央电视台"中前 3 个汉字的第一个字根组成为"口、冂、日"，最后一个汉字的第一个字根为"厶"，即可推理出其编码为 KMJC，依次击打键盘上的 K、M、J、C 键位，输入该多字词组。

03 按下 Tab 键，将光标向后移动 14 个字符，然后分析出多字词组"中国共产党（口、囗、艹、⺌）"的编码为 KLAI，依次击打键盘上的 K、L、A、I 键位，输入该多字词组。

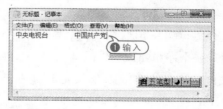

04 按 Enter 键换行,再分别推理多字词组"理论联系实际(王、讠、耳、阝)"和"百闻不如一见(丆、门、一、冂)"的编码 GYBB 和 DUGM,依次按编码所在的键位以及 Tab 键,输入这些多字词组。

05 继续按 Enter 键换行,再使用同样的方

法依次输入最后一行的多字词组"可望而不可及(丁、亠、丆、乃)"和"当一天和尚撞一天钟(⺌、一、一、钅)"(编码分别为 SYDE 和 IGGQ)。

06 按 Ctrl+S 快捷键,将练习结果以"多字词组练习"为名进行保存。

5.3 五笔字型编码流程图

下面总结一下五笔字型的编码规则,使读者对输入汉字有一个整体的了解。

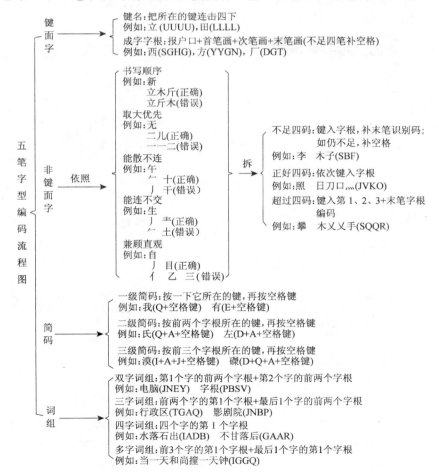

由以上的编码流程图,可以得出如下一首口诀:

　　五笔字型均直观,依照笔顺把码取;
　　键名汉字打4下,基本字根请照搬;
　　一二三末取4码,顺序拆分大优先;
　　不足4码要注意,末笔字型补后边。

这首口诀概括了五笔字型输入法编码的如下几项原则。

▶ 取码按照从左到右、从上到下、从外到内的书写顺序(依照笔顺把码取)。

▶ 按4下按键即可输入键名汉字(键名汉字打4下)。

▶ 字根数为4或者大于4时,按照第一、二、三、末字根顺序取4码(一二三末取4码)。

▶ 不足4码时,打完字根识别码后补末尾字型识别码于尾部,该情况下码长为3或4(不足4码要注意,末笔字型补后边)。

▶ "基本字根请照搬"和"顺序拆分大优先"是汉字的拆分原则,表示在拆分中以基本字根为单位,并且在拆分时按照"取大优先"原则,尽可能先拆出笔画多的字根(或者拆分出的字根数量尽量少)。

✏ 5.4　提高打字速度

除了使用金山快快打字通学习基础知识、掌握键盘操作外,还可以使用金山快快打字通来练习五笔打字,如单字练习、词组练习和文章练习。

5.4.1　单字训练

使用金山快快打字通软件可以进行单字输入练习。

【例5-7】在金山快快打字通软件中进行单字输入训练。

01 启动金山快快打字通2011,打开金山快快打字通2011主界面,单击【五笔打字】按钮,打开打字练习界面。

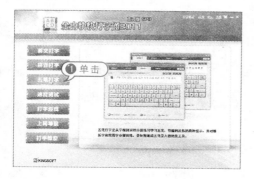

02 打开【单字练习】选项卡,进入单字练习界面,切换至王码五笔输入法86版,根据提示栏在空白行中进行一级简码的练习。

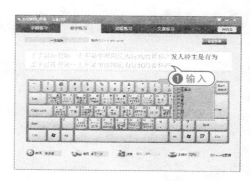

03 一级简码训练完后单击【课程选择】按钮,打开【课程选择】对话框,选择【二级简码】选项,单击【确定】按钮。

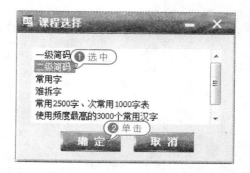

04 打开二级简码练习界面,根据提示栏在空

白行中进行二级简码的练习。当输入错误时，提示栏和空白框中的单字将以红色字体显示，按 BackSpace 键可删除错误文本，再根据提示栏上方的【编码提示】信息继续输入二级简码。

示栏在空白行中进行二字词组的练习。

03 二字词组训练完后单击【课程选择】按钮，打开【课程选择】对话框，选择【三字词组】选项，单击【确定】按钮。

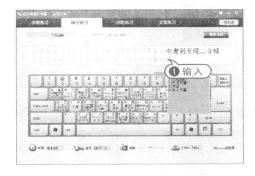

05 使用同样的方法，进行单字练习的其他课程训练。

06 所有的课程练习完后单击【关闭】按钮，即可退出单字练习界面。

5.4.2 词组训练

使用金山快快打字通软件可以进行词组输入练习。

【例5-8】 在金山快快打字通软件中进行词组输入训练。

01 启动金山快快打字通 2011，打开金山快快打字通 2011 主界面，单击【五笔打字】按钮，打开打字练习界面。

02 打开【词组练习】选项卡，进入词组练习界面，切换至王码五笔输入法 86 版，根据提

04 打开三字词组练习界面，根据提示栏在空白行中进行三字词组的练习。

专家指点

当词语输入错误时，提示栏和空白行中的词组将以红色字体显示，按 BackSpace 键可删除错误词语，再根据提示栏上方的【编码提示】信息继续输入正确的词语。

05 使用同样的方法，进行四字词组和多字

词组的练习。

06 所有的课程练习完后单击【关闭】按钮，即可退出词组练习界面。

5.4.3 文章训练

使用金山快快打字通软件可以进行文章输入练习。

【例5-9】在金山快快打字通软件中进行文章输入训练。

01 启动金山快快打字通 2011，打开金山快快打字通 2011 主界面，单击【五笔打字】按钮，打开打字练习界面。

02 打开【文章练习】选项卡，进入文档练习界面，切换至王码五笔输入法 86 版，根据提示栏在空白行中进行文章输入练习。

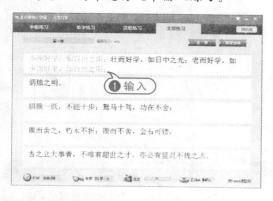

专家指点

当词语输入错误时，提示栏和空白行中的词组将以红色字体显示，按 BackSpace 键可删除错误文本，再接着输入正确文本。

03 第一课训练完后单击【课程选择】按钮，打开【课程选择】对话框，选择【第三十课】选项，单击【确定】按钮。

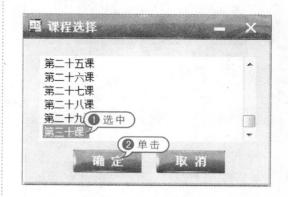

04 打开第三十课文章练习界面，根据提示栏在空白行中进行文章输入练习。

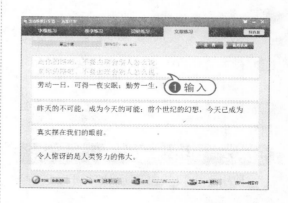

05 使用同样的方法，进行其他文章输入练习。

06 所有的课程练习完后单击【关闭】按钮，即可退出文章练习界面。

5.5 实战演练

本章的实战演练部分介绍用五笔输入法在记事本中输入短文综合实例操作，用户可通过练习巩固本章所学的简码和词组输入等知识。

【例5-10】在记事本中输入一篇现代诗《再别康桥》。

视频+素材（光盘素材\第05章\例5-10）

01 单击【开始】按钮，从弹出的【开始】菜单列表中选择【所有程序】|【附件】|【记事本】选项，启动记事本程序。

02 在任务栏中单击输入法图标按钮，从弹出的输入法列表中选择【王码五笔型86版】选项，切换到五笔输入法。

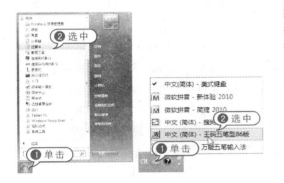

03 按照五笔字型的编码规则分析出汉字"再"、"别"、"康"、"桥"的编码分别为GM-FD、KLJH、YVII、STDJ，根据编码依次按键盘上的键位，即可快速输入诗名。

04 按Enter键换行，再按照五笔字型的编码规则分析出词组"作者"的编码为WTFT，依次按键盘上的W、T、F、T键位即可快速输入词组。

05 按":"键位输入标点符号，再按照五笔字型的编码规则分析出汉字"徐"、"志"、"摩"的编码分别为TWTY、FNU、YSSR，依

次按键盘上的键位，输入作者姓名。

06 按两下Enter键换行，接着输入诗歌第一句"轻轻的我走了"（编码为LCA、LCA、RQYY、TRNT、FHU、BNH），再按","键。

07 按Enter键换行，接着使用同样的方法输入"正如我轻轻的来"（编码为GHVK、TRNT、LCA、LCA、RQYY、GOI），再按";"键。

08 按Enter键换行，然后使用同样的方法完成诗歌的全部输入。

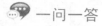
5.6 专家答疑

一问一答

问：为什么会重码？如何输入重码？

答：字根多、编码长的字，重码的机会肯定就少，但在汉字编码中编码是越短越好，这样在录入时就可以少击一次键，但编码越短，造成重码的机会也就越多。五笔字型编码采取4码一字，这是因为3码难以满足需要。因为以25个键位进行编码，1码一字，只能代表25个汉字，2码一字可代表 25^2，即625个汉字，3码一字可代表 25^3，即15625个字。全部汉字有五六万个，经常用到的就有六七千个，只有用4码一字，才能完全表示它们。而有时即使是4码，也避免不了重码。

在五笔输入法的编码中，将极少一部分无法唯一确定编码的汉字用相同的编码来表示，这些具有相同编码的汉字称为"重码字"。例如，分别按F、C、U键位后，"去"、"支"和"云"显示在字词列表框中，它们就是重码字。五笔输入法对重码字按其使用频率进行了分级处理。输入重码字的编码时，重码字同时显示在字词列表框中，较为常用的字排在第一的位置上，并且发出"嘟"的警报声音，提示用户出现重码字。从输入打字的要求看，键位要尽量少、码长要尽量短、重码也要尽量少。五笔字型方案中对重码字也用屏幕编码显示的方法，让用户按最前排数字键选择所用的汉字。如果用户要输入的就是重码字中最常用的字，则可继续输入下文，就像没有重码字时一样，完全不影响输入速度；如果需要的是不常用的那个字，则根据它的位置号按数字键即可输入该字。例如要输入"去"，按下空格键或者数字键1即可，而按下数字键2即可输入汉字"支"，按下数字键3即可输入汉字"云"。

一问一答

问：什么是万能学习键？Z键主要有哪些使用方法？

答：在标准键盘上一共有26个字母键，五笔字型的字根被分成5个区，每区5个位，共用了25个键，还剩下Z键未被使用。它可以代替其他25个字母键中的任何一键来输入汉字，所以Z键输入法又称为选择式易学输入法，Z键又称为万能学习键。

Z键可以代替编码：当用户使用完整编码输入某个汉字时，如果不知道其中的个别编码，可以使用Z键代替。例如输入"代"字时，只知道字根"亻"的编码W，可使用Z键代替后面的编码，即按W、Z键位将显示结果。Z键还可以代替末笔识别码：输入汉字时，在不清楚该字的末笔识别码的情况下，也可以使用Z键代替末笔识别码。例如输入"艾"字时，用户不清楚其末笔识别码，按A、Q键位后可按一次Z键替代。

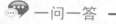

第6章

五笔打字进阶

在五笔打字时,可以根据实际需要选用合适的输入法和打字软件,使得打字更加得心应手。本章主要介绍使用造字程序造字、设置五笔输入法属性和使用98版王码五笔输入法输入汉字等。

参见随书光盘

6.1　汉字也可以"造"出来

在日常工作和生活中,经常需要输入各种各样的字符,而通过输入法可能无法实现,此时就可以使用造字程序来造字。造字程序是 Windows 7 自带的一个应用程序,使用该应用程序可以为字体库创建多达 6400 个新字符。

6.1.1　造字程序的工作界面

单击【开始】按钮,在【开始】菜单中选择【所有程序】|【附件】|【系统工具】|【专用字符编辑程序】命令,启动造字程序,再在弹出的对话框中单击【确定】按钮,即可进入造字程序编辑窗口。

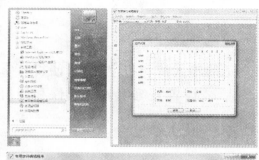

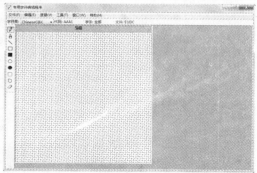

造字程序编辑窗口的向导栏位于菜单栏的下方,用来显示造字字符的相关信息。

| 字符集: | ChineseGBK | ▼ 代码: AAA1 | 字体: 全部 | 文件: EUDC |

▶ 字符集:显示当前造字字符集。

▶ 代码:显示分配给专用字符的十六进制代码。

▶ 字体:显示关联字体或者全部字体的名称。

▶ 文件:显示用于专用字符的文件名。

工具箱位于最左侧,用于绘制各种各样的图形,其作用如下。

▶ 铅笔工具 ✎:用于绘制任意形状的图形或线条。

▶ 画笔工具 🖌:用于绘制任意形状的图形,也可填充图形。

▶ 直线工具 ＼:用于绘制直线。

▶ 空心矩形工具 □:用于绘制内部为空心的矩形。

▶ 实心矩形工具 ■:用于绘制内部为实心的矩形。

▶ 空心椭圆工具 ○:用于绘制内部为空心的椭圆。

▶ 实心椭圆工具 ●:用于绘制内部为实心的椭圆。

▶ 矩形选项工具 ⬚:用于选择矩形区域内的图形。

▶ 自由图形选择工具 ⬡:用于选择任意形状区域内的图形。

▶ 橡皮擦工具 ⬚:用于擦除图形、线条、文字等。

专家指点

在造字程序中,使用最多的是工具箱中的工具,通过它们可以创建各种各样的字符图形。使用这些工具的方法很简单,只需单击工具箱中的工具按钮,再将鼠标移至编辑窗口,拖动鼠标即可绘制所需的图形。

6.1.2　造字

使用造字程序制造字符的方法有如下

3 种。

▶ 通过【选择代码】造字：首先在【选择代码】对话框中确定一个位置用于保存造出的字符，然后进入【编辑】窗口，通过工具箱中的工具来创建字符，最后将该字符保存在选定的位置上，以后即可在该位置中找到并使用新创建的字符。

▶ 调用现有字符造字：调用现有字符造字是指在造字程序已有字符的基础上，对其进行添加、移动、擦除等修改操作，使其成为一个新的字符。

▶ 引用现有字符造字：主要通过【编辑】窗口和【参照】窗口来实现。其中，【编辑】窗口用于组合汉字，而【参照】窗口用于打开造字程序中已有的字符。

【例 6-1】使用 Windows 7 自带的造字程序制造出特殊字符"⊞"。 ◆视频

01 单击【开始】按钮，在弹出的【开始】菜单列表中选择【所有程序】|【附件】|【系统工具】|【专用字符编辑程序】选项，启动造字程序。

02 在弹出的【选择代码】对话框中单击代码为 AAA1 对应的按钮，单击【确定】按钮。

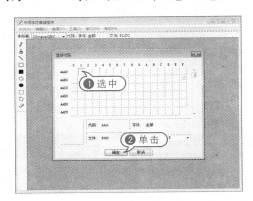

03 打开【编辑】窗口，在【造字程序】窗口中选择【编辑】|【复制字符】命令。

04 打开【复制字符】对话框，多次按 Shift + Ctrl 组合键切换到五笔输入法，依次按键盘

上的 G、K、P、H 键，在【形状】文本框中输入汉字"带"，单击【确定】按钮。

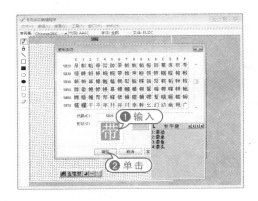

05 此时返回到【编辑】窗口，将显示生成的汉字"带"。

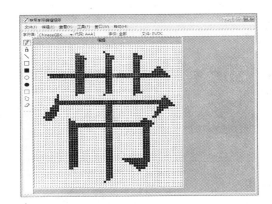

06 单击【橡皮擦工具】按钮 ✐ ，将鼠标光标移到【编辑】窗口中，定位到要擦除的部分，按住鼠标左键拖动不放，擦除不需要的部分"宀"和"巾"。

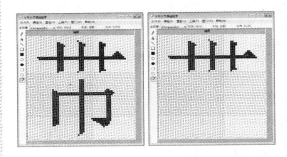

07 选择【窗口】|【参照】命令，打开【参照】对话框，将输入法切换到五笔输入法，然后

输入编码 HHLL,即可在代码文本框中输入字根"丨",单击【确定】按钮。

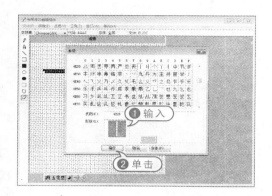

08 单击【参照】窗口的标题栏,使其处于可编辑状态。

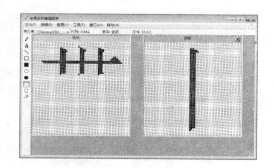

09 单击工具栏上的【矩形选项工具】按钮□,拖动光标选中"丨",待鼠标变成✛时,按住鼠标左键不放,将"丨"矩形框拖动到【编辑】窗口中。

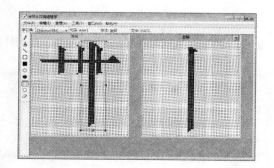

10 在【编辑】窗口中拖动光标调节"丨"字根的大小,然后将其拖动到适合的位置。

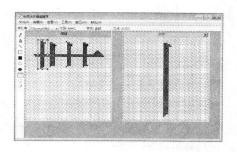

11 单击工具栏中的【空心椭圆工具】按钮○,按住鼠标左键,在【编辑】窗口中绘制椭圆形使其框住整个字符,然后释放鼠标左键即可。

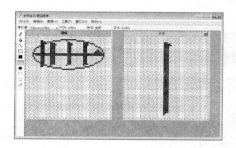

12 单击【橡皮擦工具】按钮□,将椭圆外的部分擦除。

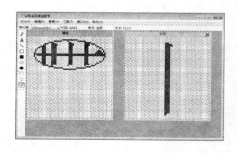

13 选择【编辑】|【保存字符】命令,保存特殊字符"⊞"。

注意事项

使用造字程序所造出的字符通常都存放在系统盘(一般为 C 盘)Windows 目录下的 Fonts 文件夹中。

14 选择【编辑】|【选择代码】命令,打开【选择代码】对话框,在代码为 AAA1 的位置即可显示刚才所创建的特殊字符。

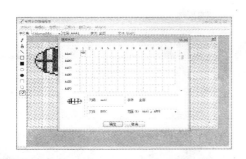

6.1.3 输入造出的汉字

造字的目的就是为了实现输入操作,下面介绍在其他应用程序中输入所造字符的操作方法。

【例6-2】在写字板中输入刚刚造出的特殊字符"⊞"。 ▶视频

01 单击【开始】按钮,在弹出的【开始】菜单列表中选择【所有程序】|【附件】|【系统工具】|【字符映射表】选项,启动字符映射表程序。

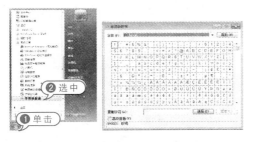

02 在【字符映射表】窗口的【字体】列表框中选择【所有字体(专用字符)】选项,在列表框中选中"⊞"字符后单击【选择】按钮,然后单击【复制】按钮。

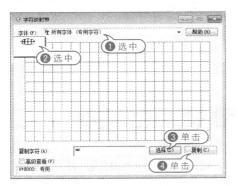

03 单击【开始】按钮,在弹出的【开始】菜单列表中选择【所有程序】|【附件】|【写字板】选项,启动写字板程序。

04 此时在插入点处按 Ctrl＋V 快捷键,输入"⊞"字符。

05 按 Enter 键换行,再单击【开始】按钮,在【开始】菜单列表中选择【所有程序】|【附件】|【系统工具】|【专用字符编辑程序】选项,启动造字程序。

06 在打开的【选择代码】对话框中选择"⊞"字符,单击【确定】按钮。

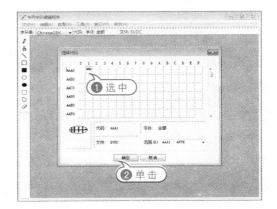

07 打开【编辑】窗口,单击工具箱中的【矩形选项工具】按钮□,拖动光标在"⊞"字符周围绘制矩形,然后选择【编辑】|【复制】命令。

08 切换到写字板程序窗口,按 Ctrl＋V 快捷键即可插入"⊞"字符图片。

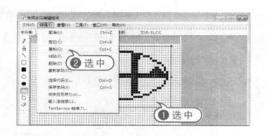

"⊞"字符。

09 按 Ctrl ＋ S 快捷键，即可保存输入的

6.2　五笔输入法的设置

为了得心应手地使用五笔字型输入法，用户可以对五笔输入法进行设置，如将输入法设置为默认输入法、为输入法设置快捷键和设置输入法属性等。

6.2.1　将五笔设置成默认输入法

虽然 Windows 7 安装了很多种输入法，但用户经常使用的输入法一般只有一种。为了方便使用，可以将最常用的五笔输入法设置为系统默认的输入法。

【例 6-3】将王码五笔型 86 版输入法设置为系统默认的输入法。 视频

01 在 Windows 7 任务栏右侧的语言栏中右击输入法图标按钮，在弹出的菜单中选择【设置】命令。

02 打开【文本服务和输入语言】对话框的【常规】选项卡，在【默认输入语言】选项区域中单击下拉列表按钮，从弹出的下拉列表框中选择【中文（简体,中国）-中文（简体）-王码五笔型 86 版】选项，然后单击【确定】按钮。

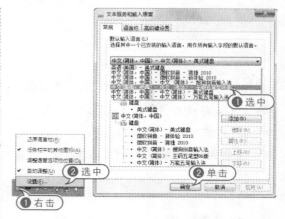

03 重新启动电脑，此时系统默认切换至王码五笔型 86 版输入法，这样用户在输入中文时就不用总是切换输入法了。

6.2.2　设置五笔输入法的热键

除了使用传统方法切换至五笔输入法外，用户还可以自定义常用的输入法启动热键（快捷键），从而更快捷地切换至五笔输入法。下

面以设置王码五笔型 86 版输入法的热键为例来具体介绍设置输入法快捷键的方法。

【例 6-4】将王码五笔型 86 版输入法的热键设置为 Alt＋Shift＋0。💿视频

01 在 Windows 7 任务栏右侧的语言栏中右击输入法图标按钮🔲，在弹出的菜单中选择【设置】命令，打开【文本服务和输入语言】对话框。

02 打开【高级键设置】选项卡，在【输入语言的热键】列表框中选择【切换到中文（简体，中国）-中文（简体）-王码五笔型 86 版（无）】选项，然后单击【更改按键顺序】按钮。

03 打开【更改按键顺序】对话框，选中【启用按键顺序】复选框，单击热键下拉按钮，从弹出的下拉列表框中选择【Alt＋Shift】选项，在【键】的下拉列表框中选择【0】选项，然后单击【确定】按钮。

04 此时即将王码五笔型 86 版输入法的热键设置为 Alt＋Shift＋0，若按下 Alt＋Shift＋0 快捷键即可迅速切换至王码五笔型 86 版输入法。

💡 **专家指点1**

输入法的热键尽量不要与其他应用程序的热键相同，否则会产生冲突，使用热键时可能会失灵或发生混乱。

💡 **专家指点2**

在【高级键设置】选项卡中，还可以为输入法全角/半角切换、中/英文标点符号切换设置热键。默认情况下，全/半角切换的热键为 Shift＋空格键，中/英文符号切换的热键为 Ctrl＋空格键。

6.2.3 设置五笔输入法属性

为了使用户提高打字速度或是适合自己的使用习惯，可以对五笔输入法的一些属性进行设置，如词语联想、词语输入、逐渐提示、外码提示和光标跟随等。

1. 词语联想

词语联想功能是建立在输入法词库中词语的基础上的。即当输入某个汉字时，由该字开头的常用词语都将排列在提示框中，用户只需从中选择合适的词语。使用该功能可以提高输入速度。

右击输入法状态窗口，从弹出的快捷菜单中选择【设置】命令，打开【输入法设置】对话框，选中【词语联想】复选框，然后单击【确定】按钮，即可开启词语联想功能。

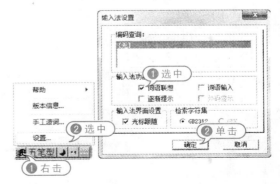

开启词语联想功能后输入汉字"电"，所有由"电"开头的常用词语将以列表形式显

示出来,按下数字键选择对应的词语即可。

未开启词语联想功能时,输入汉字"电"后无任何相关词语显示。

2. 词语输入

五笔输入法的词语输入功能主要用于输入词语,以提高打字速度。

打开【输入法设置】对话框,在【输入法功能设置】选项区域中选中【词语输入】复选框,单击【确定】按钮,即可开启词语输入功能。

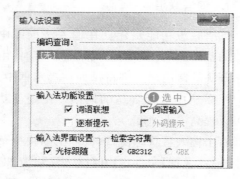

开启词语输入功能后,可以连续输入多个字符组成词语,如输入字符 JNEY,即可输入词语"电脑"。

如果未开启词语输入功能,每次只能输入一个汉字,此时在词语提示列表框中并不会显示任何词语。

3. 逐渐提示

逐渐提示是指在输入汉字时,在词语提示列表框中显示所有已输入的编码开头的汉字和词语。用户不用输入全部的编码即可输入字词,节省了大量时间。

打开【输入法设置】对话框,在【输入法功能设置】选项区域中选中【逐渐提示】复选框,单击【确定】按钮,即可开启逐渐提示功能。

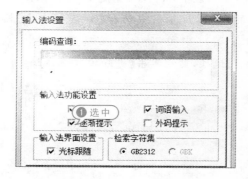

开启逐渐提示功能后,输入 JNE 时词语提示列表框中将显示词组,用户无需输入全部的编码,只需直接按数字键 1 选择字词,即可输入词语"电脑"。

未开启逐渐提示功能时,如果要输入字词,在词语提示框只显示输入汉字的编码。待输入完整的编码,如输入字符 JNEY,才能输入字词"电脑"。

4. 外码提示

外码提示功能依附于逐渐提示功能。换言之,外码提示功能必须在逐渐提示功能开启的情况下才能使用。

打开【输入法设置】对话框,在【输入法功能设置】选项区域中保持选中【逐渐提示】复选框,同时选中【外码提示】复选框,单击【确定】按钮,即可开启外码提示功能。

开启了外码提示功能,若要输入汉字"电",在输入编码 J 后,字词提示列表框中将自动提示输入该字的全部编码。

未开启外码提示功能,输入 J 后字词提示列表框中不显示编码提示。

5. 光标跟随

在使用输入法打字的过程中会出现词语提示列表框,通过光标跟随功能可使该列表框跟随光标移动,以便更快捷地打字。

打开【输入法设置】对话框,在【输入法功能设置】选项区域中选中【光标跟随】复选框,单击【确定】按钮,即可开启光标跟随功能。

开启光标跟随功能后,编码输入框和字词提示列表框会显示在光标输入点的旁边,并随着光标输入点的移动而移动。

未开启此功能,输入法状态窗口、编码输入框和字词提示列表框会显示在同一行,呈横条状水平显示,不能随意分开。

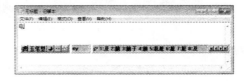

专家指点

打开【文字服务和输入语言】对话框的【常规】选项卡,在输入法列表框中选择一种输入法后单击【属性】按钮,同样可以打开【输入法设置】对话框。

6.3 98 版王码五笔型输入法

五笔字型自问世以来,经历了不断地更新和发展,目前王码五笔型输入法最常用的版本是 86 版和 98 版。98 版是在 86 版基础上改进的一种五笔输入法。

6.3.1 98版王码简介

王码五笔型98版与86版的输入方法基本相同,相对于86版而言,98版五笔型输入法从编码理论、编码规则、部件设计等多方面有许多创新和提高,对一部分字根进行了重新编排和调整,从而使其输入更加方便、规范和科学。

与86版五笔型输入法相比,98版五笔型输入法具有更强大的功能。

▶ 提供内码转换器,能在不同的中文操作平台之间进行内码转换。

▶ 支持重码动态调试。

▶ 既能批量造词,也能取字造词。

▶ 能够编辑码表,既能创建容错码,又能对五笔字型编码进行编辑和修改。

王码五笔型98版支持21003个汉字,词语16000条,简繁兼容,其基本单位为码元。码元是指把笔画结构特征相似、笔画形态和笔画数大致相同的笔画结构作为编码的单位,即编码的元素。

专家指点

码元是经过抽象的汉字部件,代表的只是汉字笔画结构的特征,与笔画的具体结构和细节无关。只要特征相同,不管码元的笔画细节是否相似,统一都认为是同一码元。

五笔型98版的码元和笔画顺序完全符合规范。例如,在98版五笔型输入法中,可将"羊"、"丘"、"甘"、"毛"、"夫"、"母"和"甫"等字根作为一个码元。

要学习98版王码五笔型输入法,只需记住98版的码元(字根)分布即可。

注意事项

由于86版在国内已经推广,拥有数以千万计的用户,因此五笔输入法仍以86版为主。

6.3.2 98版五笔型码元分布

98版五笔型输入法也是将一个汉字拆分成几个字根,再按字根在键盘上的分布依次按键,并且它的区位号等都与86版五笔字型输入法相同。同样分为5个区,即横、竖、撇、捺和折5个区,分别用代码1~5表示各个区号。在每个区中的每个键又称为一个位,也用1~5表示各个位号。将区号和位号组合起来,从而形成区位号。

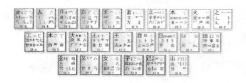

98版五笔型输入法与86版五笔型输入法的差异不大,只是在字根分布上有一些差异。

码元助记歌如下。

▶ 1(横)区字根键位排列

11 王旁青头五夫一

12 土干十寸未甘雨

13 大犬戊其古石厂

14 木丁西甫一四里

15 工戈草头右框七

▶ 2(竖)区字根键位排列

21 目上卜止虎头具

22 日早两竖与虫依

23 口中两川三个竖

24 田甲方框四车里

25 山由贝骨下框集

▶ 3(撇)区字根键位排列

31 禾竹反文双人立

32 白斤气丘叉手提

33 月用力豸毛衣臼

34 人八登头单人几

35 金夕鸟儿犭边鱼

▶ 4（捺）区字根键排列

41 言文方点谁人去

42 立辛六羊病门里

43 水族三点鳖头小

44 火业广鹿四点米

45 之字宝盖补衤礻

▶ 5（折）区字根键位排列

51 已类左框心尸羽

52 子耳了也乃框皮

53 女刀九艮山西倒

54 又巴牛厶马失蹄

55 幺母贯头弓和匕

注意事项

使用98版王码五笔输入法也需要熟记码元助记词、一级简码、键名汉字的分布情况。其中，一级简码和键名汉字的分布与86版完全一样。对于键盘上的码元分布可通过字根助记词来记忆，也可以只记忆98版中新增的码元分布，以及与86版不同的码元的分布情况。

6.3.3 使用98版五笔录入汉字

98版五笔型与86版五笔型输入汉字的方法完全相同，在此不再赘述。

98版王码中有一个特殊之处，就是它有3个补码码元。这是98版五笔型新增的一个功能。

所谓"补码码元"，也叫"双码码元"，是成字码元的一种特殊形式，指在参与编码时需要两个码的码元，其中一个码元是另一个码元的补充。补码码元的取码方法如下：除了将取码码元本身所在的键位作为主码外，还需要将补码码元中的最后一个单笔画作为补码，形成双码输入。

98版五笔字型输入法中的3个补码码元如下表所示。

补码 码元	所在 键位	主码 第1码	补码 第2码
犭	35（Q）	犭（Q）	丿（T）
礻	45（P）	礻（P）	丶（Y）
衤	45（P）	衤（P）	冫（U）

可以看出，补码码元与其他码元的不同之处在于它由两个码来编码，需按两次键位。

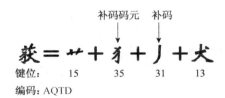

编码：AQTD

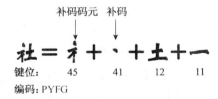

编码：PYFG

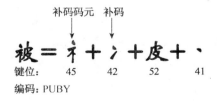

编码：PUBY

专家指点

86版五笔型输入法对有些规范字根无法做到整字取码，而98版五笔型输入法可以将这些规范字根作为一个整字取码，如"母"、"甫"等。

98版五笔型输入法的取码方式与86版类似，在此简要地概述一下。

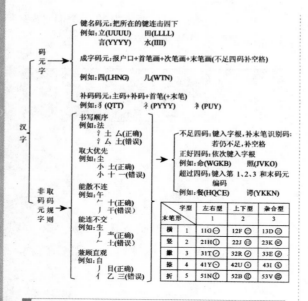

字型 末笔形	左右型 1	上下型 2	杂合型 3
横	1	11G（一）	12F（三）	13D（土）
竖	2	21H（上）	22J（刂）	23K（川）
撇	3	31T（丿）	32R（彡）	33E（乡）
捺	4	41Y（丶）	42U（冫）	43I（氵）
折	5	51N（乙）	52B（《）	53V（巛）

【例6-5】 使用五笔输入法98版在记事本中输入下表所示的词组：

二字词	三字词	四字词	多字词
机器	现代化	公共场所	发展中国家
汉字	纪念品	眼花缭乱	内蒙古自治区

📹 视频+素材 （光盘素材\第06章\例6-5）

01 单击【开始】按钮，从弹出的【开始】菜单列表中选择【所有程序】|【附件】|【记事本】选项，启动记事本程序。

02 单击任务栏中输入法图标按钮，从弹出的输入法列表框中选择【王码五笔型输入法98版】选项，切换到五笔输入法。

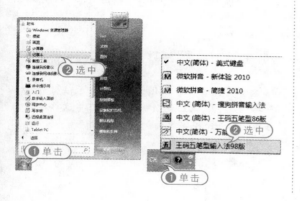

03 分析出词语"机器"中各字的前两个字根组成"木、几、口、口"，即可推理出其编码为SWKK，然后依次击打键盘上的S、W、K、K键位，输入该词组。

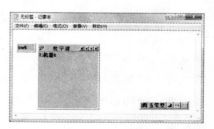

04 按下Tab键，将光标向后移动6个字符，然后分析出词组"汉字"中各字的前两个字根组成"氵、又、宀、子"，推出编码为ICPB，依次击打键盘上的I、C、P、B键位，输入该词组。

05 按Enter键换行，接着分析出词组"现代化"中前两个字的第一个字根"王、亻"和最后一个字的前两个字根"亻、七"，从而推出编码为GWWX，依次击打键盘上的G、W、W、X键位，输入该词组。

06 按下 Tab 键,将光标向后移动 4 个字符,然后分析出词组"纪念品"字根"纟、人、口、口",推出编码为 XWKK,依次击打键盘上的 X、W、K、K 键位,输入该词组。

07 按 Enter 键换行,再分析出词组"公共场所"中各字的第一个字根"八、艹、土、厂",推出编码为 WAFR,依次击打键盘上的 W、A、F、R 键位,输入该词组。

08 按下 Tab 键,将光标向后移动 2 个字符,然后分析出词组"眼花缭乱"中各字的第一个字根"目、艹、纟、丿",推出编码为 HAXT,依次击打键盘上的 H、A、X、T 键位,输入该词组。

09 按 Enter 键换行,再分析出词组"发展中国家"的字根"乙、尸、口、宀",推出编码为 NNKP,依次击打键盘上的 N、N、K、P 键位,输入该词组。

10 按下 Tab 键,将光标向后移动 8 个字符,然后分析出词组"内蒙古自治区"的字根"冂、艹、古、匚",推出编码为 MADA,依次击打键盘上的 M、A、D、A 键位,输入该词组。

11 按 Ctrl＋S 快捷键,将练习结果以"词组输入练习"为名进行保存。

6.4 实战演练

　　本章的进阶练习部分包括使用造字程序造字和在记事本中输入合体字综合实例操作,用户可通过练习从而巩固本章所学知识。

6.4.1 使用造字程序练习造字

【例6-6】使用造字程序造出"〓〓"字,并将其输入到记事本中。❀视频

01 单击【开始】按钮,在【开始】菜单列表中选择【所有程序】|【附件】|【系统工具】|【专用字符编辑程序】选项,启动造字程序。

02 在打开的【选择代码】对话框中单击代码为 AAA1 对应的按钮,再单击【确定】按钮。

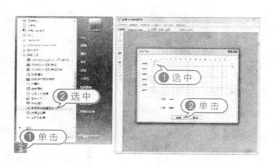

03 选择【窗口】|【参照】命令,打开【参照】对话框,切换至五笔输入法,分别按键盘上的 F、K、U、K 键位输入汉字"喜",然后单击【确定】按钮。

04 在造字程序中打开【参照】窗口,并显示输入的"喜"字。

 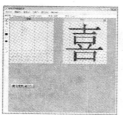

05 单击工具栏上的【矩形选项工具】按钮▢,拖动光标选中【参照】窗口中的"喜"字,然后选择【编辑】|【复制】命令。

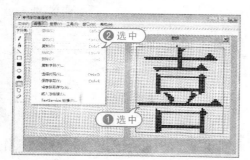

06 单击【编辑】窗口,将其设置为当前窗口,然后选择【编辑】|【粘贴】命令,将"喜"字粘贴到【编辑】区中。

07 将光标移动到【编辑】窗口中字符"喜"右侧边框中,当光标变为双向箭头形状时按住鼠标左键不放并向左拖动鼠标,拖动至合

适位置后释放鼠标,并调节其大小。

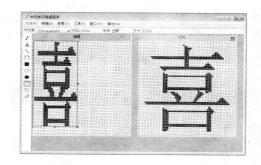

08 在【编辑】窗口中保持该字符选择状态,先按 Ctrl+C 快捷键对其进行复制,然后按 Ctrl+V 快捷键,将复制的字符粘贴到【编辑】窗口的右侧。

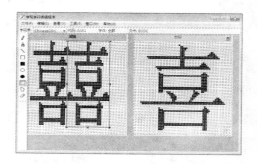

09 单击【橡皮擦工具】按钮✐,将鼠标光标移到【编辑】窗口中,定位到要擦除的部分,按住鼠标左键拖动不放擦除两个字符之间多余的图形。

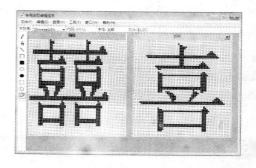

10 选择【编辑】|【保存字符】命令,保存所造的字符。

11 单击【开始】按钮,在弹出的【开始】菜单列表中选择【所有程序】|【附件】|【记事本】

选项,启动记事本程序。

12 单击【开始】按钮,在【开始】菜单列表中选择【所有程序】|【附件】|【系统工具】|【字符映射表】选项,启动字符映射表程序。

13 在【字体】列表框中选择【所有字体(专用字符)】选项,在列表框中选中"囍"字符,单击【选择】按钮,然后单击【复制】按钮。

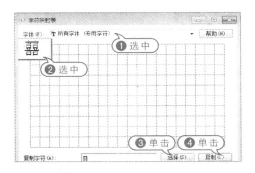

14 在记事本窗口,按 Ctrl+V 快捷键,快速输入"囍"字符。

6.4.2 在记事本中输入合体字

【例6-7】在记事本中输入下表中的合体字:

二、三元字	四元字	多元字
想	偓	黏
焰	醛	馕
泄	趌	镞
沐	靴	喻

🎬 视频素材 (光盘素材\第06章\例6-7)

01 单击【开始】按钮,从弹出的【开始】菜单列表中选择【所有程序】|【附件】|【记事本】

选项,启动记事本程序。

02 单击任务栏中输入法图标按钮,从弹出的输入法列表框中选择【王码五笔型输入法98版】选项,切换到五笔输入法。

03 根据二元字和三元字的取码规则"输入全码后再添加一个末笔字型识别码,然后补打空格键",分析出"想"、"焰"、"泄"、"沐"的码元编码分别为 SHN、OQEG、IANN、ISY,再依次按键盘上对应的字母键(不足四码元补打空格键)以及"/"键,在记事本中分别输入这4个合体字。

04 按 Enter 键换行,再根据四元字的取码规则"按照笔画的书写顺序将4个码元依次编码",分析出"偓"、"醛"、"趌"、"靴"的码元编码分别为 WAJV、SGGT、RRKH、AFWX,接着依次按键盘上对应的字母键以及"/"键,在记事本中分别输入这4个四元字。

05 按 Enter 键换行,再根据多元字的取码规则"按照书写顺序先取该字的第一笔画、第二笔画和第三笔画所在的键位,然后再取该字的最后一笔作为该字的编码进行输入",分析出"黏"、"馕"、"镞"、"喻"的码元编码分别为 TWIK、QNGE、QYTH、KWGJ，接着依次按键盘上对应的字母键以及"/"键，在记事本中输入多元字。

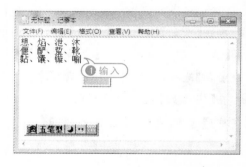

06 按 Ctrl＋S 快捷键，将练习结果以"合体字输入练习"为名进行保存。

6.5 专家答疑

 一问一答

问：如何删除造出的汉字或字符？

答：启动造字程序，在打开的【选择代码】窗口中选择汉字或字符，单击【确定】按钮，打开【编辑】窗口，单击工具箱中的【矩形选项工具】按钮，拖动光标在汉字或字符周围绘制矩形使其处于选中状态，然后选择【编辑】|【删除】命令，再选择【编辑】|【保存字符】命令即可。

一问一答

问：98 版五笔输入法的取码规则比 86 版更完善，为什么 86 版五笔输入法到现在仍占主导地位？

答：由于许多用户在学习王码五笔 86 版后，已经对其字根分布等内容相当地了解，使用时得心应手，并且 86 版的许多词库中没有的词也可以通过手工造词功能进行输入，因此为了避免对两个版本字根分布规律的混淆，多数用户仍然选择已熟练使用的 86 版五笔输入法。

第7章

打字与排版首选 Word

Word 2010 是美国 Microsoft 公司推出的最新版本的文字编辑处理软件,是 Office 2010 套件中的一个组件。它继承了 Windows 友好的图形界面,可方便地进行文字、图形、图像和数据的处理。本章主要介绍 Word 2010 操作环境和文档的基本操作。

参见随书光盘

7.1 Word 2010 操作界面

Word 2010 是一款功能强大的文档处理软件,主要用于日常办公和文字处理,可以帮助用户快捷、轻松地创建精美的文档。在使用 Word 2010 进行文档编辑与排版之前,首先需要认识 Word 2010 操作界面以及 Word 2010 视图模式。

7.1.1 Word 2010 工作界面

Word 2010 窗口界面比之前的版本更为美观大方。启动 Word 2010 后,就进入其主界面(即打开 Word 文档窗口)。Word 2010 文档窗口主要由【文件】按钮、快速访问工具栏、标题栏、功能选项卡与功能区、文档编辑区、状态栏和视图栏等组成。

1. 【文件】按钮

【文件】按钮 位于文档窗口的左上角。Word 2010 新增了【文件】按钮,该按钮取代了 Word 2007 版本中的 Office 按钮。单击该按钮,可以展开菜单,执行相应的命令,进行新建、打开、保存以及退出等操作。

2. 快速访问工具栏

快速访问工具栏位于 Word 2010 文档窗口的顶部左侧。该工具栏中集成了多个常用的按钮,如【保存】、【撤销】、【重复】这 3 个按钮,其功能如下表所示。

按　钮	名　称	功　能
	保存	快速保存 Word 文档
	撤销	撤销用户上一步操作
	重复	重复用户最后一步执行操作

如果用户不希望快速访问工具栏出现在当前位置,可以单击快速访问工具栏右侧的【自定义快速访问工具栏】按钮 ,从弹出的快捷菜单中选择【在功能区下方显示】命令,此时自动将快速访问工具栏移动到功能区的下方。

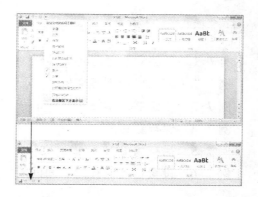

另外,用户还可以单击【自定义快速访问工具栏】按钮 ,在弹出的快捷菜单中选择不同的命令,自定义常用的命令按钮。

【例7-1】自定义快速访问工具栏按钮，将【快速打印】和【加粗】按钮添加到快速访问工具栏中。 视频

01 单击【开始】按钮，从弹出的【开始】菜单列表中选择【所有程序】|【Microsoft Office】|【Microsoft Word 2010】选项，启动 Word 2010 应用程序。

02 在快速访问工具栏中单击【自定义快速访问工具栏】按钮 ，在弹出的菜单中选择【快速打印】命令，将【快速打印】按钮添加到快速访问工具栏中。

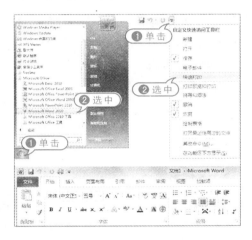

03 在快速访问工具栏中单击【自定义快速访问工具栏】按钮 ，在弹出的菜单中选择【其他命令】命令，打开【Word 选项】对话框。

04 打开【快速访问工具栏】选项卡，在【从下列位置选择命令】下拉列表框中选择【开始选项卡】选项，在其下的列表框中选择【加粗】选项，单击【添加】按钮，将其添加到【自定义快速访问工具栏】的列表框中，最后单击【确定】按钮。

专家指点

在【快速访问工具栏】选项卡右侧的列表框中选择要删除的按钮，然后单击【删除】按钮，可以将其从快速访问工具栏中删除。

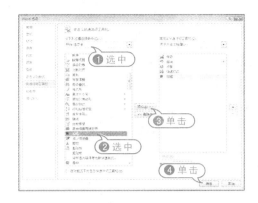

05 此时，快速访问工具栏将显示【快速打印】和【加粗】按钮。

注意事项

只有命令按钮才能被添加到快速访问工具栏中，大多数列表的内容（如缩进、间距值等）虽然也显示在功能区上，但无法将它们添加到快速访问工具栏中。

3. 标题栏

标题栏位于 Word 2010 文档窗口的快速访问工具栏右侧，用于显示当前正在运行的程序名及文档名等信息。标题栏最右端有 3 个窗口控制按钮：【最小化】按钮、【最大化】按钮和【关闭】按钮。

文件名 程序名　　　　　　控制按钮

标题栏上各控制按钮的作用如下：

▶【最小化】按钮 ：单击该按钮，即可将窗口最小化为任务栏中的一个图标按钮。

▶【最大化】按钮 ：单击该按钮，即可将窗口显示大小布满整个屏幕。

▶【关闭】按钮 ：单击该按钮，即可将当前文档窗口关闭。

在 Word 2010 窗口的快速访问工具栏左侧显示程序图标按钮 W，单击该图标按钮，从弹出的快捷菜单中可以执行相应的命令操作，如还原、最小化、最大化和关闭。

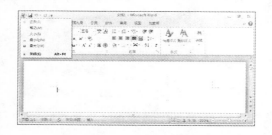

专家指点

当 Word 2010 窗口最大化时，原来的【最大化】按钮位置上将显示【向下还原】按钮 ，单击该按钮，可以使当前文档窗口还原至最大化操作前的大小。

4. 功能选项卡和功能区

功能选项卡和功能区是 Word 2010 的一大特色，与 Word 2007 类似，替代了早期版本的菜单栏和工具栏。

功能选项卡与功能区是对应的关系，选择某个功能选项卡即可打开与其对应的功能区。

默认状态下，功能区主要包含【开始】、【插入】、【页面布局】、【引用】、【邮件】、【审阅】、【视图】和【加载项】8 个功能选项卡，在每个选项卡中包括有许多自动适应窗口大小的工具组，其中包含为用户提供了设置文档格式的不同命令按钮或下拉列表框。

在功能组的右下角还有一个对话框启动器 ，单击该按钮将弹出与该工具组相关的对话框或任务窗格，在其中可选择对象进行更详细的设置。

另外，在文档中插入不同的对象，如艺术字、图片等，则在功能区中将添加相应的工具选项卡。例如，在文档中插入艺术字后，将显示【绘图工具】的【格式】选项卡。

5. 文档编辑区

文档编辑区占据了 Word 整个窗口最主要的区域，是 Word 中最重要的部分，所有的文本操作都在该区域中进行。

文档编辑区是用户输入和编排文档内容的场所。打开 Word 时，编辑区是空白的，只有一个闪烁的光标（即插入点），用于定位即将要输入文字的位置。当文档编辑区中不能显示文档的所有内容时，在其右侧或底部自动出现滚动条，通过拖动滚动条可显示其他内容。

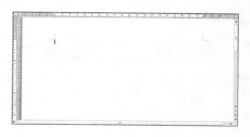

默认情况下,文档编辑区不显示标尺和制表符。打开【视图】选项卡,在功能区的【显示】组中选中【标尺】复选框,即可在文档编辑区中显示标尺和制表符。

▶ 标尺:常用于对齐文档中的文本、图形、表格或者其他元素。

▶ 制表符:用于选择不同的制表位,如左对齐式制表位、首行缩进、左缩进和右缩进等。

注意事项

单击文档编辑区右侧滚动条上方的【标尺】按钮,同样可以显示或隐藏标尺。

6. 状态栏和视图栏

状态栏和视图栏都位于文档窗口的最下方。状态栏显示了当前文档的信息,如当前显示的文档的页码、章节和当前文档的字数等。视图栏主要用于切换文档的视图模式,调整文档显示比例,方便用户查看文档内容。视图栏中主要包括视图按钮组、当前显示比例和调节页面显示比例的滑块。

缩放比例工具位于视图栏右侧,通过单击 ━ 和 ✚ 按钮或拖动滑块可以对文档的显示比例进行调整。

7.1.2 Word 2010 视图模式

在对文档进程编辑时,由于编辑的着重点不同,则可以选择不同的视图方式进行编辑,以便更好地完成工作。Word 2010 提供了5种文档显示的方式,即页面视图、Web 版式视图、阅读版式视图、大纲视图和草稿视图。

1. 页面视图

页面视图是 Word 2010 的默认视图方式,该视图方式是按照文档的打印效果显示文档,显示与实际打印效果完全相同的文件样式,文档中的页眉、页脚、页边距、图片及其他元素均会显示其正确的位置,具有"所见即所得"的效果。

打开【视图】选项卡,在【文档视图】组中单击【页面视图】按钮,或者在视图栏中的视图按钮组中单击【页面视图】按钮▤,即可切换至页面视图模式。

注意事项

在页面视图模式中,页与页之间具有一定的分界区域,双击该区域即可将页与页相连显示。

2. 阅读版式视图

阅读版式视图是模拟书本阅读方式,即以图书的分栏样式显示,将两页文档同时显示在一个视图窗口的一种视图方式。

打开【视图】选项卡,在【文档视图】组中单击【阅读版式视图】按钮,或者在视图栏中的视图按钮组中单击【阅读版式视图】按钮▥,即可切换至阅读版式视图,它以最大的空间来阅读或批注文档。

在该视图模式下,可以显示文档的背景、页边距,还可以进行文本的输入、编辑等操作,但不显示文档的页眉和页脚。

3. 大纲视图

大纲视图主要用于 Word 2010 文档的设置和显示标题的层级结构,并可以方便地折叠和展开各种层级的文档。大纲视图广泛用于 Word 2010 长篇文档的快速浏览和设置中。使用大纲视图,可以查看文档的结构,还可以通过拖动标题来移动、复制和重新组织文本。

打开【视图】选项卡,在【文档视图】组中单击【大纲视图】按钮,或者在视图栏中的视图按钮组中单击【大纲视图】按钮,即可切换至大纲视图。

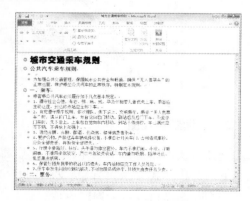

专家指点

在大纲视图模式下,可以使用快捷键 Alt＋Shift＋向左键或 Alt＋Shift＋向右键将所选项目大纲级别进行一次提升或降低;也可以在【大纲工具】组中单击【提升至标题 1】按钮或【降级为正文文本】按钮,更改所选大纲项目级别。

在该视图中,可以通过双击标题左侧的"➕"号标记展开或折叠文档,使其显示或隐藏各级标题及内容。

4. Web 版式视图

Web 版式视图以网页的形式显示 Word 2010 文档,适用于发送电子邮件、创建和编辑 Web 页。

打开【视图】选项卡,在【文档视图】组中单击【Web 版式视图】按钮,或者在视图栏中的视图按钮组中单击【Web 版式视图】按钮,即可切换至 Web 版式视图模式。

注意事项

在 Web 版式视图模式下和使用浏览器打开文档视图效果相同。在 Web 版式视图模式下,可以看到背景和为适应窗口而换行显示的文本,图形位置与在 Web 浏览器中的位置一致。

5. 草稿视图

草稿视图主要用于查看草稿形式的文档,便于快速编辑文本。草稿视图取消了页面边距、分栏、页眉页脚和图片等元素,仅仅显示标题和正文,是最节省计算机系统硬件资源的视图方式。当然,现在计算机系统的硬件配置都比较高,基本上不存在由于硬件配置偏低而使 Word 2010 运行遇到障碍的问题。

打开【视图】选项卡，在【文档视图】组中单击【草稿】按钮，或者在视图栏中的视图按钮组中单击【草稿】按钮，即可切换至草稿视图模式。

注意事项

在草稿视图模式下，上下页面的空白处转换为虚线。

✏ 7.2　Word 文档的基本操作

在进行编辑处理文档前，应先掌握文档的基本操作，如创建新文档、保存文档、打开文档和关闭文档等。只有熟悉了这些基本操作后，才能更好地玩转 Word 2010。

7.2.1　新建文档

Word 文档是文本、图片等对象的载体，要在文档中进行输入或编辑等操作，首先必须创建新的文档。在 Word 2010 中，创建的文档可以是空白文档，也可以是基于模板的文档，甚至可以是一些具有特殊功能的文档，如书法字帖。

1. 新建空白文档

空白文档是最常使用的文档。在打开的【文档1】文档窗口中单击【文件】按钮，从弹出的菜单中选择【新建】命令，打开【Microsoft Office Backstage】视图，在【可用模板】列表框中选择【空白文档】选项，单击【创建】按钮，即可创建一个名为"文档2"的空白文档。

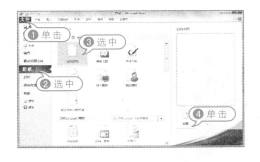

专家指点

在打开的现有文档中按 Ctrl＋N 快捷键，即可快速新建一个空白文档。

2. 新建基于模板的文档

模板是 Word 预先设置好内容格式的文档。Word 2010 为用户提供了多种具有统一规格、统一框架的文档模板，如传真、信函或简历等。下面介绍基于"平衡报告"模板来新建文档的方法。

【例7-2】在 Word 2010 中根据"平衡报告"模板来创建新文档。🎬 视频

`01` 启动 Word 2010 应用程序，打开一个名为【文档1】的文档。

`02` 单击【文件】按钮，从弹出的菜单中选择【新建】命令，打开【Microsoft Office Backstage】视图,在【可用模板】列表框中选择【样本模板】选项。

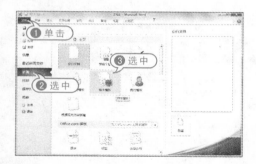

03 此时系统会自动显示 Word 2010 提供的所有样本模板,在【样本模板】列表框中选择【平衡报告】选项,并在右侧窗口中预览该模板的样式,然后选中【文档】单选按钮,单击【创建】按钮。

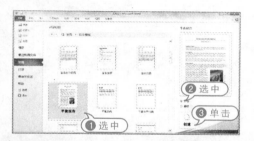

04 此时即可新建一个名为【文档2】的新文档,并自动套用所选择的【平衡报告】模板的样式。

专家指点

在网络连通的情况下,在【可用模板】下的【Office.com 模板】列表框中选择相应的模板选项,然后单击【下载】按钮,即可链接到 Office.com 网站下载该模板。

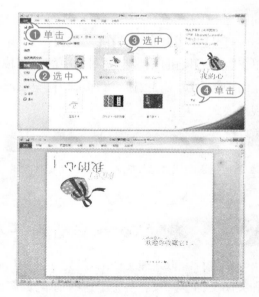

3. 新建特殊文档

Word 2010 提供了一些特殊文档的创建方法,包括博客文章、书法字帖等。特殊文档的类型不同,其创建的方法也不同。下面以创建书法字帖为例介绍创建特殊文档的方法。

【例 7-3】在 Word 2010 中创建书法字帖,并添加书法字符。 视频

01 启动 Word 2010 应用程序,在打开的文档窗口中单击【文件】按钮,从弹出的菜单中选择【新建】命令,打开【Microsoft Office Backstage】视图。

02 在【可用模板】列表框中选择【书法字帖】选项,并在右侧的窗口中单击【创建】按钮。

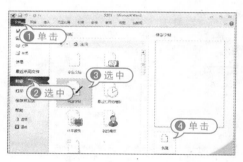

03 此时将创建一个书法字帖文档,同时打开【增减字符】对话框,在【可用字符】列表框中选择书法字符后单击【添加】按钮,将字符添加到【已用字符】列表框中。

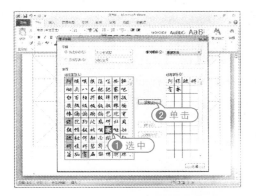

用户按住Ctrl键的同时,可以在【可用字符】列表框中选择多个字帖字符。

04 添加完字符后单击【关闭】按钮,即可关闭【增减字符】对话框,此时在创建的字帖中将显示书法字符。

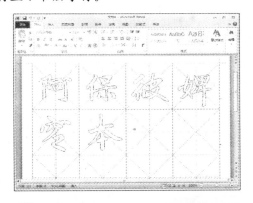

专家指点

用户还可以在【Microsoft Office Backstage】视图的【可用模板】列表框中选择【根据现有内容新建】选项,打开【根据现有文档新建】对话框,选择现有文档来创建新文档。

7.2.2 保存文档

新建好文档后,可通过Word的保存功能将其存储到电脑中,便于以后打开和编辑使用。若不及时保存,文档中的信息将会丢失。保存文档分为保存新建的文档、保存已保存过的文档、将现有的文档另存为其他文档和自动保存文档4种方式。

1. 保存新建的文档

在第一次保存编辑好的文档时,需要指定文件名、文件的保存位置和保存格式等信息。保存新建文档的常用操作如下:

▶ 单击【文件】按钮,从弹出的菜单中选择【保存】命令。

▶ 单击快速访问工具栏上的【保存】按钮。

▶ 按Ctrl+S快捷键。

【例7-4】将【例7-2】中所创建的基于模板的文档以"我的报告"为名保存到电脑中。
视频+素材 (光盘素材\第07章\例7-4)

01 在【例7-2】创建的基于模板的文档中单击【文件】按钮,从弹出的【文件】菜单中选择【保存】命令。

02 打开【另存为】对话框,选择文档保存路径,然后切换至五笔输入法,在【文件名】文本框中输入"我的报告",单击【保存】按钮。

03 此时将在 Word 2010 文档窗口的标题栏中显示文档名称，即文档以"我的报告"为名保存。

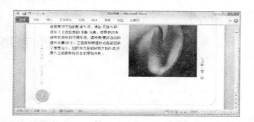

注意事项

一般情况下，在保存新建的文档时，如果在文档中输入了一些内容，Word 2010 将自动以输入的第一行内容作为文件名。

2. 保存已保存过的文档

要对已保存过的文档进行保存时，可单击【文件】按钮，在弹出的【文件】菜单中选择【保存】命令，或单击快速访问工具栏上的【保存】按钮 ，即可按照原有的路径、名称以及格式进行保存。

3. 另存为其他文档

对已保存的文档进行修改或编辑后，在不破坏原文档的情况下，又希望将改动后的文档进行保存，则可以使用【另存为】功能将其保存。这时可以将其保存为以前版本的Word 文档，也可以将其保存为 PDF 文档或网页等多种格式。

下面以保存为 PDF 文档为例来介绍另存为其他文档的操作方法。

> **【例 7-5】** 将【例 7-3】中所创建的书法字帖另存为 PDF 格式的文档，并以"书法字帖"为名进行保存。
>
> 📀 视频+素材 （光盘素材\第 07 章\例 7-5）

01 在例【7-3】创建的书法字帖文档中单击【文件】按钮，从弹出的【文件】菜单中选择【另存为】命令，打开【另存为】对话框。

02 选择文档的保存路径，切换至五笔输入法，在【文件名】文本框中输入"书法字帖"，在【保存类型】下拉列表框中选择【PDF】选项，单击【保存】按钮。

专家指点

另存为 PDF 文档后，可以使用 PDF 阅读器打开 PDF 格式文档，查看其效果。PDF 阅读器比较多，如 PDF-XChange Viewer、Adobe Reader 等。

03 此时文档将以"书法字帖"为名另存为 PDF 格式的文档。完成上述操作之后,返回文档保存路径查看文档。

4. 自动保存文档

用户若不习惯随时对修改的文档进行保存操作,则可以将文档设置为自动保存。设置自动保存后,无论文档是否进行了修改,系统都会根据设置的时间间隔在指定的时间自动对文档进行保存。

【例 7-6】将 Word 2010 文档的自动保存的时间间隔设置为 5 分钟。 📹视频

01 启动 Word 2010 应用程序,打开一个名为"文档 1"的文档。

02 单击【文件】按钮,从弹出的菜单中选择【选项】命令,打开【Word 选项】对话框。

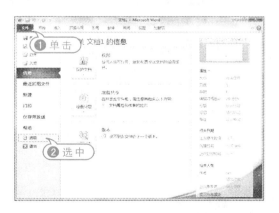

03 打开【保存】选项卡,在【保存文档】选项区域中选中【保存自动恢复信息时间间隔】复选框,并在其右侧的微调框中输入 5,单击【确定】按钮,完成设置。

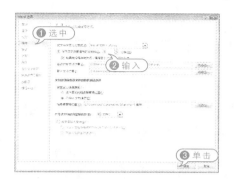

专家指点

在【保存文档】选项区域中单击【自动恢复文件位置】文本框后的【浏览】按钮,打开【修改位置】对话框,可更改自动恢复文件位置的路径,然后单击【确定】按钮。

7.2.3 打开文档

打开文档是 Word 的一项最基本的操作。如果用户要对保存的文档进行编辑,首先需要将其打开。在打开文档的过程中,用户可以直接打开文档,也可以通过【打开】对话框进行打开。

1. 直接打开文档

找到文档所在的位置后,双击 Word 文档,即可快速打开该文档。

专家指点

右击 Word 文档,从弹出的快捷菜单中选择【打开】命令,同样可以快速打开文档。

2. 通过【打开】对话框打开文档

在编辑文档的过程中,若需要使用或参考其他文档中的内容,则可使用【打开】对话

框来打开文档。

【例7-7】 使用【打开】对话框打开"城市交通乘车规则"文档。

📹 视频+素材 （光盘素材\第07章\例7-7）

01 启动 Word 2010 应用程序,单击【开始】菜单,选择【打开】命令,打开【打开】对话框。

02 在该对话框左侧树状结构中选择【本地磁盘(F:)】选项,在右侧列表框中找到文档路径,然后选择【城市交通乘车规则】文档。

03 单击【打开】下拉按钮,从弹出的快捷菜单中选择【打开】命令。

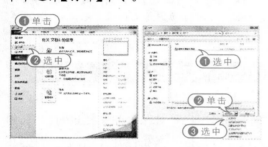

注意事项

【打开】对话框中【打开】下拉列表中提供了多种打开文档的方式。使用以只读方式打开的文档,将以只读方式存在,对文档的编辑修改将无法直接保存到原文档上,而需要另存为一个新的文档;使用以副本方式打开的文档,并不打开原文档,对该副本文档的编辑修改将直接保存到副本文档中,而对原文档则没有影响。

04 此时系统自动打开"城市交通乘车规则"文档,可以对其进行编辑操作。

专家指点

在 Word 2010 中可以同时打开多个文档,方法如下:在打开的【打开】对话框中按 Ctrl 键不放,依次选择要打开的文档,选择完后释放 Ctrl 键,再单击【打开】按钮即可。

7.2.4 关闭文档

不使用文档时,应将其关闭。关闭文档的方法非常简单,具体操作方法如下。

▶ 在标题栏中单击【关闭】按钮 ✕ 。

▶ 单击【开始】按钮,从弹出的【开始】菜单中选择【关闭】命令。

▶ 右击标题栏,从弹出的快捷菜单中选择【关闭】命令,或者按 Alt＋F4 组合键。

7.3 文本的简单编辑

在 Word 2010 中,建立文档的目的是为了输入文本内容。输入文本后,还需要对文本进行选取、复制、移动、删除、查找和替换等编辑操作。这些操作都是 Word 中最基本、最常用的操作。熟练地运用文本的简单编辑功能,可以提高办公的效率。

7.3.1 输入文本

在输入文本前,文档编辑区的开始位置将会出现一个闪烁的光标,将其称为"插入点"。当定位了插入点的位置后,切换至五笔输入法，即可开始进行文本的输入。

在文本的输入过程中，Word 2010 将遵循以下原则。

▶ 按下 Enter 键，将在插入点的下一行处重新创建一个新的段落，并在上一个段落的结束处显示"↵"符号。

▶ 按下空格键，将在插入点的左侧插入一个空格符号，它的大小将根据当前输入法的全半角状态而定。

▶ 按下 BackSpace 键，将删除插入点左侧的一个字符；按下 Delete 键，将删除插入点右侧的一个字符。

▶ 按下 CapsLock 键可输入英文大写字母，再按下该键输入英文小写字母。

下面以具体实例来介绍输入中英文、特殊符号、日期和时间的方法。

【例 7-8】新建一个名为"大学生问卷调查表"文档，并输入文本内容。
📀视频+素材（光盘素材\第 07 章\例 7-8）

01 单击【开始】按钮，从弹出的【开始】菜单列表中选择【所有程序】|【Microsoft Office】|【Microsoft Word 2010】选项，启动 Word 2010 应用程序。

02 在快速访问工具栏中单击【保存】按钮，打开【另存为】对话框。

03 选择文档保存路径，切换至五笔输入法，在【文件名】文本框中输入"大学生问卷调查表"，单击【保存】按钮，保存文档。

04 按空格键，将插入点移至页面中央位置，切换至五笔输入法，输入标题"大学生问

卷调查"。

05 按 Enter 键，将插入点跳转至下一行的行首，继续输入中文文本。

06 切换至美式键盘状态，按下 CapsLock 键输入英文大写字母，再按下 CapsLock 键继续输入英文小写字母，按 Shift+@ 键输入上挡符号"@"，继续输入字符。

07 切换至五笔输入法，继续输入文本，按 Enter 键换行，使用同样的方法输入文本内容。

08 按 Enter 键换行，按空格键将插入点定位到页面右下角合适位置，然后打开

【插入】选项卡，在【文本】组中单击【日期和时间】按钮 日期和时间，打开【日期和时间】对话框。

09 在【语言(国家/地区)】下拉列表框中选择【中文(国家)】选项，在【可用格式】列表框中选择第十种日期格式，单击【确定】按钮，此时即可在文档中插入日期。

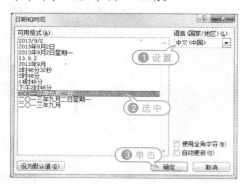

注意事项

在【日期和时间】对话框中选中【自动更新】复选框，可以对插入的日期和时间进行自动更新。每次打印文档之前，Word 会自动更新日期和时间。

专家指点

在 Word 2010 中输入日期类的格式时，Word 2010 会自动显示"2013-9-2"格式的当前日期，按 Enter 键即可完成当前日期的输入；如果要输入其他格式的日期，除了可以手动输入外，还可以通过【日期和时间】对话框进行插入。

10 将插入点定位在第 5 行文本"是"前，打开【插入】选项卡，在【符号】组中单击【符号】按钮 Ω 符号，从弹出的菜单中选择【其他符号】命令，打开【符号】对话框。

11 打开【符号】选项卡，在【字体】下拉列表框中选择【Wingdings】选项，在其下的列表框中选择空心圆形符号，然后单击【插入】按钮，输入符号。

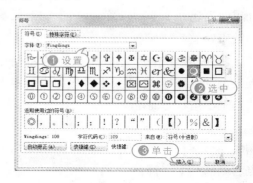

12 将插入点定位到第 5 行后面的文本"不是"前，在【符号】对话框中单击【插入】按钮，继续输入符号。

13 使用同样的方法，在"超出意料"文本前输入同样的符号。

14 将插入点定位在第 8 行文本后，打开【加载项】选项卡，在【菜单命令】组中单击【特殊符号】按钮，打开【插入特殊符号】对话框。

15 打开【特殊符号】选项卡，在其中选择星形特殊符号，单击【确定】按钮，在文档中输入特殊符号。

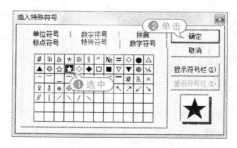

16 使用同样的方法,在其他文本后插入星形特殊符号。

17 在快速访问工具栏中单击【保存】按钮,保存输入文本内容后的【大学生问卷调查表】文档。

专家指点

在【符号】对话框中,打开【特殊字符】选项卡,在其中可以选择诸如☆、®(注册符)以及TM(商标符)等特殊字符,单击【插入】按钮,即可将其插入到文档中。

7.3.2 选取文本

在 Word 2010 中进行文本编辑操作之前,必须选取或选中操作的文本。选取文本既可以使用鼠标,也可以使用键盘,还可以结合鼠标和键盘进行选取。

1. 使用鼠标选取文本

使用鼠标选取文本是最基本、最常用的方法。使用鼠标可以轻松地改变插入点的位置,因此使用鼠标选取文本十分方便。

▶ 拖动选取:将鼠标指针定位在起始位置,按住左键不放,向目的位置拖动鼠标以选取文本。

▶ 单击选取:将鼠标光标移到要选定行的左侧空白处,当鼠标光标变成ℛ形状时,单击左键即可选取该行文本内容。

▶ 双击选取:将鼠标光标移到文本编辑区左侧,当鼠标光标变成ℛ形状时,双击左键即可选取该段的文本内容;将鼠标光标定位到词组中间或左侧,双击左键可选取该单字或词。

▶ 三击选取:将鼠标光标定位到要选取的段落中,三击左键可选中该段的所有文本内容;将鼠标光标移到文档左侧空白处,当鼠标变成ℛ形状时,三击左键可选中文档中的所有内容。

2. 使用键盘选取文本

使用键盘上相应的快捷键,同样可以快速选取文本。快捷键的功能如下表所示。

快捷键	功 能
Shift+→	选取光标右侧的一个字符
Shift+←	选取光标左侧的一个字符
Shift+↑	选取光标位置至上一行相同位置之间的文本
Shift+↓	选取光标位置至下一行相同位置之间的文本
Shift+Home	选取光标位置至行首之间的文本
Shift+End	选取光标位置至行尾之间的文本
Shift+PageDown	选取光标位置至下一屏之间的文本
Shift+PageUp	选取光标位置至上一屏之间的文本
Ctrl+Shift+End	选取光标位置至文档结尾之间的文本
Ctrl+Shift+Home	选取光标位置至文档开始之间的文本
Ctrl+A	选取整篇文档

注意事项

从事排版工作的用户必须掌握选取文本的快捷键。使用这些快捷键可以快速地选定文本,然后对其进行修改。

3. 结合鼠标和键盘选取文本

使用鼠标和键盘结合的方式,不仅可以

选取连续的文本,还可以选取不连续的文本。

▶ 选取连续的较长文本:将插入点定位到要选取区域的开始位置,按住 Shift 键不放,再移动光标至要选取区域的结尾处,单击鼠标左键即可选取该区域之间的所有文本内容。

▶ 选取不连续的文本:选取任意一段文本,按住 Ctrl 键,再拖动鼠标选取其他文本,即可同时选取多段不连续的文本。

▶ 选取整篇文档:按住 Ctrl 键不放,将光标移到文本编辑区左侧空白处,当光标变成形状时,单击鼠标左键即可选取整篇文档。

▶ 选取矩形文本:将插入点定位到开始位置,按住 Alt 键并拖动鼠标,即可选取矩形文本。

注意事项

在 Word 2010 文档中,选中的文本将以蓝色底纹、黑色文字形式显示。

7.3.3 复制、移动和删除文本

在文档中需要重复输入文本时,可以使用移动或复制文本的方法进行操作,以节省时间,加快输入和编辑的速度。此外,在编辑文档的过程中,需要对多余或错误的文本进行删除操作。

1. 移动文本

移动文本是指将当前位置的文本移到另外的位置,在移动的同时会删除原来位置上的原版文本。移动文本的方法如下。

▶ 选择需要移动的文本,按 Shift＋X 组合键,再在目标位置处按 Ctrl＋V 组合键来实现。

▶ 选择需要移动的文本,在【开始】选项卡的【剪贴板】组中单击【剪切】按钮，在

目标位置处单击【粘贴】按钮。

▶ 选择需要移动的文本,按下鼠标右键拖动至目标位置,松开鼠标后弹出一个快捷菜单,在其中选择【移动到此位置】命令。

▶ 选择需要移动的文本后右击鼠标,在弹出的快捷菜单中选择【剪切】命令,再在目标位置处右击鼠标,在弹出的快捷菜单中选择【粘贴】命令。

▶ 选择需要移动的文本后按下鼠标左键不放,此时鼠标光标变为形状,并出现一条虚线,移动鼠标光标,当虚线移动到目标位置时,释放鼠标即可将选取的文本移动到该处。

2. 复制文本

所谓文本的复制,是指将要复制的文本移动到其他的位置,而原版文本仍然保留在原来的位置。复制文本的方法如下。

▶ 选取需要复制的文本,按 Ctrl＋C 组合键,将插入点移到目标位置,再按 Ctrl＋V 组合键。

▶ 选取需要复制的文本,在【开始】选项卡的【剪贴板】组中单击【复制】按钮，再将插入点移到目标位置处,单击【粘贴】按钮。

▶ 选取需要复制的文本,按下鼠标右键拖动到目标位置,松开鼠标会弹出一个快捷菜单,在其中选择【复制到此位置】命令。

▶ 选取需要复制的文本,右击鼠标,从弹出的快捷菜单中选择【复制】命令,再把插入点移到目标位置,右击鼠标,从弹出的快捷菜单中选择【粘贴】命令。

【例7-9】在"大学生问卷调查表"文档中进行移动和复制操作。
视频素材（光盘素材\第07章\例7-9）

01 启动 Word 2010 应用程序,打开"大学生问卷调查表"文档。

02 选择文档倒数第 1、5 行的文本,按住鼠标左键不放,此时鼠标光标变为 形状,并出现一条虚线,移动鼠标光标至第 8 行文本开始处。

03 释放鼠标,即可将选取的文本移动到目标位置处。

04 选取标题文本"大学生",在【开始】选项卡的【剪切板】组中单击【复制】按钮 。

05 将插入点移到文档第 1 行文本"填写这份"后,单击【粘贴】按钮 ,完成文本的复制。

注意事项

在【开始】选项卡的【剪切板】组中单击对话框启动器 ,即可快速启动【剪贴板】窗格,在该窗口中显示了最近所执行的复制操作。

06 选中第 5 行的符号,按 Ctrl+C 快捷键,再将插入点定位到第 7 行文本"理想"前,按 Ctrl+V 快捷键,粘贴该符号。

07 在不同插入点定位光标,按 Ctrl+V 快捷键粘贴圆形符号。

08 在快速访问工具栏中单击【保存】按钮 ,保存移动与复制后的文档。

专家指点

在快速访问工具栏中逐步单击【撤销清除】按钮 ,将撤销粘贴符号操作,即清除文本前的圆形符号;然后单击【恢复清除】按钮 ,恢复复制符号操作,即恢复粘贴的圆形符号。

3. 删除文本

删除文本的操作方法如下。

▶ 按 BackSpace 键,删除光标左侧的文本;按 Delete 键,删除光标右侧的文本。

▶ 选择需要删除的文本,在【开始】选项卡的【剪贴板】组中单击【剪切】按钮 即可。

▶ 选择文本,按 BackSpace 键或 Delete 键均可删除所选文本。

7.3.4 查找与替换文本

在篇幅比较长的文档中，使用 Word 2010 提供的查找与替换功能可以快速地找到文档中某个信息或更改全文中多次出现的词语，从而无需反复地查找文本，使操作变得较为简单，节约办公时间，提高了工作效率。

【例 7-10】在"大学生问卷调查表"文档中查找文本"你"，并将其替换为"您"。

📀 视频·素材 （光盘素材\第 07 章\例 7-10）

01 启动 Word 2010 应用程序，打开"大学生问卷调查表"文档。

02 在【开始】选项卡的【编辑】组中单击【查找】按钮，打开【导航】窗口。

03 切换至五笔输入法后，在【导航】文本框中输入文本"你"，此时 Word 2010 自动在文档编辑区中以黄色高亮显示所查找到的文本。

04 再在【开始】选项卡的【编辑】组中单击【替换】按钮，打开【查找和替换】对话框。

05 打开【替换】选项卡，此时在【查找内容】文本框中显示文本"你"，在【替换为】文本框中输入文本"您"，单击【全部替换】按钮。

06 系统自动打开提示对话框，单击【是】按钮，执行全部替换操作。

07 替换完成后，打开完成替换提示框，单击【确定】按钮。

08 返回至【查找和替换】对话框，单击【关闭】按钮，返回文档窗口，查看替换的文本。

09 按 Ctrl＋S 快捷键，保存修改后的"大学生问卷调查表"文档。

💡 专家指点

Word 2010 状态栏中有【改写】和【插入】两种状态按钮。在改写状态下，输入的文本将会覆盖其后的文本；而在插入状态下，会自动将插入位置后的文本向后移动。Word 默认的状态是插入，若要更改状态，可以在状态栏中单击【插入】按钮 插入 ，此时将显示【改写】按钮 改写 ，单击该按钮，返回至插入状态。按 Insert 键，同样可以在这两种状态下切换。

7.4 实战演练

本章的实战演练部分包括定制 Word 2010 的窗口和写日记两个综合实例操作,用户可通过练习从而巩固本章所学知识。

7.4.1 定制 Word 2010 窗口

【例 7-11】通过自定义快速访问工具栏、功能区和 Word 选项,定制符合自己操作习惯和要求的窗口。 视频

01 单击【开始】按钮,从弹出的【开始】菜单列表中选择【所有程序】|【Microsoft Office】|【Microsoft Word 2010】选项,启动 Word 2010 应用程序。

02 打开 Word 2010 文档窗口,单击【自定义快速访问工具栏】按钮,从弹出的菜单中选择【打开】命令,将【打开】按钮添加至快速访问工具栏中。

03 单击快速访问工具栏右侧的【自定义快速访问工具栏】按钮,从弹出的菜单中选择【其他命令】命令,打开【Word 选项】对话框。

04 打开【快速访问工具栏】选项卡,在【从下列位置选择命令】下拉列表框中选择【"文件"选项卡】选项,在其下的列表框中选择【新建】选项,单击【添加】按钮,将其添加到右侧【自定义快速访问工具栏】列表框中,单击【确定】按钮。

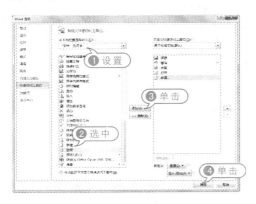

05 此时快速访问工具栏中添加了【新建】按钮。

06 单击工作界面右上方的【功能区最小化】按钮,此时功能区将最小化为一行。

07 单击【文件】按钮,从弹出的【文件】菜单中选择【选项】按钮,打开【Word 选项】对话框。

08 打开【常规】选项卡,在【用户界面选项】选项区域的【配色方案】下拉列表中选择【蓝色】选项,单击【确定】按钮。

09 单击界面右上方的【展开功能区】按钮,展开功能区,查看用户界面的颜色。

7.4.2 写日记

【例 7-12】使用 Word 2010 写日记。

视频+素材（光盘素材\第 07 章\例 7-12）

01 启动 Word 2010 应用程序，打开一个空白文档，按 Ctrl+S 快捷键，打开【另存为】对话框。

02 选择文档的保存路径，切换至五笔输入法，在【文件名】文本框中输入文本"日记"，单击【保存】按钮。

03 打开【插入】选项卡，在【文本】组中单击【日期和时间】按钮，打开【日期和时间】对话框。

04 在【可用格式】列表框中选择一种格式，单击【确定】按钮，在插入点处插入日期和时间。

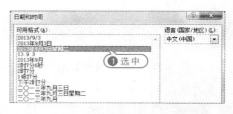

05 按空格键，将插入点移动到合适位置，输入文本"晴"，并按 Enter 键换行。

06 使用同样的方法，在文档中输入日记内容，然后按 Ctrl+S 快捷键，保存创建的"日记"文档。

7.5 专家答疑

一问一答

问：如何将 Word 2010 切换至全屏视图？

答：在打开的 Word 2010 文档中，打开【Word 选项】对话框的【快速访问工具栏】选项卡，在【从下列位置选择命令】下拉列表框中选择【所有命令】选项，在其下的列表框中选择【切换全屏视图】选项，单击【添加】按钮，然后单击【确定】按钮，将其添加到快速访问工具栏中。单击【切换全屏视图】按钮，切换至全屏视图；按 Esc 键，退出全屏视图模式。

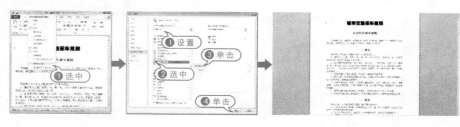

第8章

文字排版操作

在 Word 文档中,文字是组成段落的最基本内容,任何一个文档都是从段落文本开始进行编辑的。当编辑完文本内容后,即可对相应的段落文本进行格式化编排操作,从而使文档层次分明,便于阅读。

 参见随书光盘

8.1 设置文本格式

在 Word 2010 中，输入的文本默认为五号宋体。为了使文档更加美观、条理更加清晰，通常需要对文本格式进行设置，如设置字体、字号、字体颜色、字形、字体效果和字符间距等。

8.1.1 使用功能区工具设置

打开【开始】选项卡，使用【字体】组中提供的按钮即可设置文本格式。

▶ 字体：指文字的外观，Word 2010 提供了多种字体，默认字体为宋体。

▶ 字号：指文字的大小，Word 2010 提供了多种字号。

▶ 字形：指文字的一些特殊外观，例如加粗、倾斜、下划线、边框、底纹等。

▶ 文本效果：包括下划线、字符边框、上标、下标、阴影等。

▶ 字符间距：包括字符的缩放比例、字符加宽、字符紧缩等。

▶ 字体颜色：指文字的颜色，单击【字体颜色】按钮右侧的下拉箭头，在弹出的菜单中选择需要的颜色命令。

专家指点

在【字体】组中，单击【文本效果】按钮 ，从弹出的菜单中可以设置文本的效果。例如，单击【删除线】按钮 abc，可以为文本添加删除线效果；单击【下标】按钮 x₂，可以将文本设置为下标效果；单击【上标】按钮 x²，可以将文本设置为上标效果。

8.1.2 使用浮动工具栏设置

选中要设置格式的文本，此时选中文本

区域的右上角会自动弹出一个浮动工具栏，使用该浮动工具栏提供的按钮，可以进行文本格式的设置。

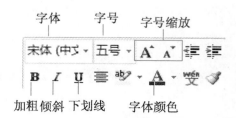

8.1.3 使用【字体】对话框设置

打开【开始】选项卡，单击【字体】对话框启动器 ，打开【字体】对话框，即可进行文本格式的相关设置。其中，【字体】选项卡可以设置字体、字形、字号、字体颜色和文本效果（包括删除线、双删除线、上标、下标、阴影等）；【高级】选项卡可以设置文本之间的间隔距离和位置，以及文本的缩放比例等。

【例8-1】创建"公告"文档，在其中输入文本，并设置文本格式。
📹 视频+素材 （光盘素材\第08章\例8-1）

01 启动 Word 2010 应用程序，打开一个空白文档，在其中输入文本，并将其以"公告"为名进行保存。

02 选取正标题文本"公司培训公告"，在

【开始】选项卡的【字体】组中单击【字体】下拉按钮,在弹出的下拉列表框中选择【方正大标宋简体】选项;单击【字号】下拉按钮,在弹出的下拉列表框中选择【小二】选项;单击【字体颜色】下拉按钮,从弹出的颜色面板中选择【红色,强调文字颜色 2,深色 25%】色块。

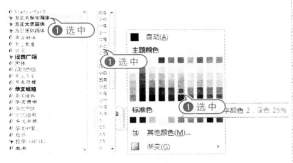

03 选取副标题文本"——文康电脑信息有限公司",打开浮动工具栏,在【字号】下拉列表框中选择【四号】选项,单击【倾斜】按钮。

04 选中正文第 3 段文本,打开【开始】选项卡,在【字体】组中单击对话框启动器,打开【字体】对话框。

05 打开【字体】选项卡,在【中文字体】下拉列表中选择【隶书】选项,在【字形】列表框中选择【加粗】选项,在【字号】列表框中选择【小四】选项,再单击【字体颜色】下拉按钮,从弹出的颜色面板中选择【深蓝,文字 2】选项,单击【确定】按钮,完成设置。

06 在【字体】组中单击【文本效果】按钮,从弹出的菜单中选择【映像】|【半映像,4pt 偏移量】选项,设置文本应用效果。

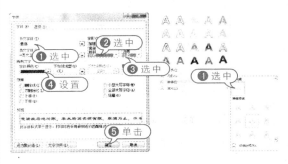

07 选中第 2 段文本,在【字体】组中单击对话框启动器,打开【字体】对话框的【字体】选项卡,在【着重号】下拉列表框中选择点样式,单击【确定】按钮,设置文本标注符号。

08 使用同样的方法,设置最后两段文本的字体为【华文行楷】,字体颜色为【深蓝,文字 2】;设置倒数第 3 段文本的字体为【幼圆】,字号为【小五】,字体颜色为【白色,背景 1,深色 50%】。

题文本设置字符间距。

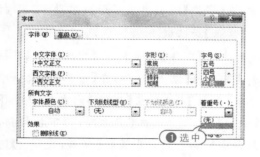

09 选取正标题段文本，在【开始】选项卡的【字体】组中单击对话框启动器 ，打开【字体】对话框。

10 打开【高级】选项卡，在【缩放】下拉列表框中选择【150%】选项；在【间距】下拉列表框中选择【加宽】选项，并在其后的【磅值】微调框中输入"3 磅"；在【位置】下拉列表框中选择【降低】选项，并在其后的【磅值】微调框中输入"3 磅"；最后单击【确定】按钮，为正标

11 使用同样的方法，为副标题文本设置缩放比例为 80%，字符间距为紧缩 0.5 磅。

12 在快速访问工具栏中单击【保存】按钮 ，保存"公告"文档。

✐ 8.2　设置段落格式

段落是构成整个文档的骨架，它是由正文、图表和图形等加上一个段落标记构成的。为了使文档的结构更清晰、层次更分明，Word 2010 提供了更多的段落格式设置功能，包括段落对齐方式、段落缩进、段落间距等。

8.2.1　设置段落对齐方式

段落对齐指文档边缘的对齐方式，包括两端对齐、居中对齐、左对齐、右对齐和分散对齐。这 5 种对齐方式的说明如下。

▶ 两端对齐：为系统默认设置，两端对齐时文本左右两端均对齐，但是段落最后不满一行的文字右边是不对齐的。

▶ 左对齐：文本的左边对齐，右边参差

不齐。

> 右对齐：文本的右边对齐，左边参差不齐。

> 居中对齐：文本居中排列。

> 分散对齐：文本左右两边均对齐，而且每个段落的最后一行不满一行时，将拉开字符间距使该行均匀分布。

设置段落对齐方式时，先选定要对齐的段落，或将插入点定位到新段落的任意位置，然后可以通过单击【开始】选项卡的【段落】组（或浮动工具栏）中的相应按钮来实现，也可以通过【段落】对话框来实现。使用【段落】组是最快捷方便，也是最常使用的方法。

【例8-2】在"公告"文档中设置段落对齐方式。
🎬 视频+素材 （光盘素材\第08章\例8-2）

01 启动 Word 2010 应用程序，打开"公告"文档。

02 选取正标题段，在弹出的浮动工具栏中单击【居中】按钮 ，设置正标题居中对齐。

03 将插入点定位在副标题段，在【开始】选项卡的【段落】组中单击【右对齐】按钮 ，设置其为右对齐。

04 选取最后两段文本，在【开始】选项卡的【段落】组中单击对话框启动器 ，打开【段落】选项。

05 打开【缩进和间距】选项卡，单击【对齐方式】下拉按钮，从弹出的下拉菜单中选择【左对齐】选项，单击【确定】按钮，完成段落设置。

06 在快速访问工具栏中单击【保存】按钮 ，保存文档。

专家指点

按 Ctrl＋E 组合键，可以设置段落居中对齐；按 Ctrl＋Shift＋J 组合键，可以设置段落分散对齐；按 Ctrl＋L 组合键，可以设置段落左对齐；按 Ctrl＋R 组合键，可以设置段落右对齐；按 Ctrl＋J 组合键，可以设置段落两端对齐。

8.2.2 设置段落缩进

段落缩进是指设置段落中的文本与页边距之间的距离。Word 2010 提供了以下4种段落缩进的方式。

> 左缩进：设置整个段落左边界的缩进位置。

> 右缩进：设置整个段落右边界的缩

进位置。

▶ 悬挂缩进：设置段落中除首行以外的其他行的起始位置。

▶ 首行缩进：设置段落中首行的起始位置。

1. 使用标尺设置缩进量

通过水平标尺可以快速设置段落的缩进方式及缩进量。水平标尺中包括首行缩进标尺、悬挂缩进、左缩进和右缩进4个标记，拖动各标记就可以设置相应的段落缩进方式。

首行缩进　　　　　　　　　右缩进

左缩进　悬挂缩进

注意事项

在使用水平标尺格式化段落时，按住Alt键不放，使用鼠标拖动标记，水平标尺上将显示具体的度量值，用户可以根据该值设置缩进量。

使用标尺设置段落缩进时，先在文档中选择要改变缩进的段落，然后拖动缩进标记到缩进位置，可以使某些行缩进。在拖动鼠标时整个页面上会出现一条垂直虚线，以显示新边距的位置。

2. 使用【段落】对话框设置缩进量

使用【段落】对话框可以准确地设置缩进尺寸。打开【开始】选项卡，在【段落】组中单击对话框启动器，打开【段落】对话框的【缩进和间距】选项卡，在该选择卡中即可设置段落缩进。

【例8-3】在"公告"文档中将正文前3段和倒数第3段文本的首行缩进2个字符。
📀视频+素材（光盘素材\第08章\例8-3）

01 启动Word 2010应用程序，打开"公告"文档。

02 选取前3段正文文本，打开【开始】选项卡，在【段落】组中单击对话框启动器，打开【段落】对话框。

03 打开【缩进和间距】选项卡，在【缩进】选项区域的【特殊格式】下拉列表框中选择【首行缩进】选项，并在【磅值】微调框中输入"2字符"，单击【确定】按钮。

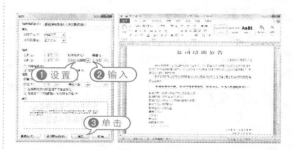

专家指点

在【段落】对话框的【缩进】选项区域的【左侧】文本框中输入左缩进的值，则所有行从左边缩进；在【右侧】文本框中输入右缩进的值，则所有行从右边缩进。

04 使用同样的方法，设置倒数第3段文本段落首行缩进2个字符。

05 按 Ctrl＋S 组合键，保存文档。

专家指点

在【段落】组或浮动工具栏中，单击【减少缩进量】按钮▤或【增加缩进量】按钮▤，可以减少或增加缩进量。

8.2.3 设置段落间距

段落间距的设置包括对文档行间距与段间距的设置。行间距是指段落中行与行之间的距离，段间距是指前后相邻的段落之间的距离。

Word 2010 默认的行间距值是单倍行距。打开【段落】对话框的【缩进和间距】选项卡，在【行距】下拉列表框中选择【单倍行距】选项，并在【设置值】微调框中输入值，可以重新设置行间距；在【段前】和【段后】微调框中输入值，可以设置段间距。

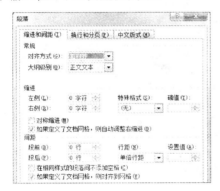

【例 8-4】在"公告"文档中，将副标题段前、段后设为 0.5 行，将正文行距设为固定值 18 磅。
📀视频·素材（光盘素材\第 08 章\例 8-4）

01 启动 Word 2010 应用程序，打开"公告"文档。

02 将插入点定位在副标题段落，打开【开始】选项卡，在【段落】组中单击对话框启动器▣，打开【段落】对话框。

03 打开【缩进和间距】选项卡，在【间距】选项区域中的【段前】和【段后】微调框中输入

"0.5 行"，单击【确定】按钮，完成段落间距的设置。

04 选取除最后 2 段文本之外的所有正文文本，再使用同样的方法打开【段落】对话框的【缩进和间距】选项卡。

05 在【行距】下拉列表框中选择【固定值】选项，然后在其后的【设置值】微调框中输入"18 磅"，单击【确定】按钮，完成行距的设置。

06 在快速访问工具栏中单击【保存】按钮▤，保存修改后的文档。

专家指点

按 Ctrl＋1 组合键，可以快速设置单倍行距；按 Ctrl＋2 组合键，可以快速设置双倍行距；按 Ctrl＋5 组合键，可以快速设置 1.5 倍行距。

8.3 设置项目符号和编号

使用项目符号和编号列表，可以对文档中并列的项目进行组织，或者将顺序的内容进行编号，以使这些项目的层次结构更清晰、更有条理。Word 2010 提供了 7 种标准的项目符号和编号，并且允许用户自定义项目符号和编号。

8.3.1 添加项目符号和编号

Word 2010 提供了自动添加项目符号和编号的功能。在以"1."、"(1)"、"a"等字符开始的段落中按下 Enter 键，下一段开头将会自动出现"2."、"(2)"、"b"等字符。

除了使用 Word 2010 的自动添加项目符号和编号功能，也可以在输入文本之后，选中要添加项目符号或编号的段落，打开【开始】选项卡，在【段落】组中单击【项目符号】按钮，将自动在每一段落前面添加项目符号；单击【编号】按钮，将以"1."、"2."、"3."的形式为各文本段编号。

> 【例 8-5】在"公告"文档中添加项目符号和编号。
> 💿视频+素材 （光盘素材\第 08 章\例 8-5）

01 启动 Word 2010 应用程序，打开"公告"文档。

02 选取第 4～9 段文本，再打开【开始】选项卡，在【段落】组中单击【编号】下拉按钮，从弹出的列表框中选择一种编号样式。

03 此时将根据所选的编号样式，自动为所选段落添加编号。

04 选取第 10～12 段文本，在【段落】组中单击【项目符号】下拉按钮，从弹出的列表框中选择一种项目符号样式，为段落自动添加项目符号。

05 在快速访问工具栏中单击【保存】按钮，保存修改后的文档。

> **注意事项**
>
> 在创建的项目符号或编号段下按下 Enter 键后，可以自动生成项目符号或编号，然后输入文本，再按下 Enter 键继续自动生成项目符号或编号；要结束自动创建项目符号或编号，可以连续按两次 Enter 键，也可以按 BackSpace 键删除新创建的项目符号或编号。

8.3.2 自定义项目符号和编号

在使用项目符号和编号功能时，用户除了可以使用系统自带的项目符号和编号样式外，还可以对项目符号和编号进行自定义设置。

1. 自定义项目符号

选取项目符号段落，打开【开始】选项卡，在【段落】组中单击【项目符号】下拉按钮，从弹出的快捷菜单中选择【定义新项目符号】命令,打开【定义新项目符号】对话框,在该对话框中可以自定义一种新的项目符号。

> 【例8-6】在"公告"文档中自定义项目符号。
> 视频+素材 (光盘素材\第08章\例8-6)

01 启动 Word 2010 应用程序,打开"公告"文档。

02 选取项目符号段,打开【开始】选项卡,在【段落】组中单击【项目符号】下拉按钮 ≡·,从弹出的下拉菜单中选择【定义新项目符号】命令,打开【定义新项目符号】对话框。

03 单击【图片】按钮,打开【图片项目符号】对话框,在该对话框中显示了许多图片项目符号,用户可以根据需要在选择图片后单击【确定】按钮。

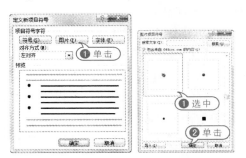

专家指点1

在【定义新项目符号】对话框中单击【字体】按钮,打开【字体】对话框,可用于设置项目符号的字体格式。打开【高级】选项卡,可以设置项目符号段字符间距,如设置缩放比例、加宽或紧缩间距、提升或降低位置等;单击【符号】按钮,打开【符号】对话框,可从中选择合适的符号作为项目符号。

专家指点2

用户还可以将自己喜欢的图片作为项目符号添加到段落中。在【图片项目符号】对话框中单击【导入】按钮,打开【将剪辑添加到管理器】对话框,选中图片后单击【添加】按钮即可。

04 返回至【定义新项目符号】对话框,在【预览】选项区域中查看项目符号的效果,满意后单击【确定】按钮。

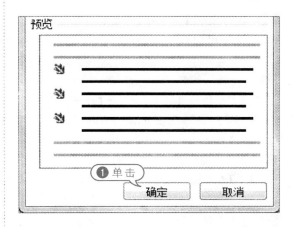

05 返回至 Word 2010 窗口,此时在文档中将显示自定义的图片项目符号。

06 在快速访问工具栏中单击【保存】按钮 ≡,保存修改后的"公告"文档。

2. 自定义编号

选取编号段落,打开【开始】选项卡,在【段落】组中单击【编号】下拉按钮 ≡·,从弹出的下拉菜单中选择【定义新编号格式】命令,打开【定义新编号格式】对话框。在【编号样式】下拉列表框中选择一种编号的样式;单击【字体】按钮,可以在打开的对话框中设置项目编号的字体;在【对齐方式】下拉列表框中可以选择编号的对齐方式。

另外,在【开始】选项卡的【段落】组中单击【编号】按钮 三·,从弹出的下拉菜单中选择【设置编号值】命令,打开【起始编号】对话框,在其中可以自定义编号的起始数值。

专家指点

如果需要清除项目符号,则单击【段落】组中的【项目符号】下拉按钮 三·,从弹出的下拉菜单中选择【无】选项即可;如果需要清除编号,则单击【编号】下拉按钮 三·,从弹出的下拉菜单中同样选择【无】选项即可。

注意事项

自定义项目编号完毕后,将在【段落】组中【编号】下拉列表框的【编号库】中显示自定义的项目编号格式,选择该编号格式,即可将自定义的编号应用到文档中。

8.4 设置边框和底纹

在使用 Word 2010 进行文字处理时,为了使文档更加引人注目,可根据需要为文字和段落添加各种各样的边框和底纹,以增加文档的生动性和实用性。

8.4.1 设置边框

Word 2010 提供了多种边框供用户选择,用来强调或美化文档内容。在 Word 2010 中可以为字符、段落和整个页面设置边框。

1. 为文字或段落设置边框

选择要添加边框的文本或段落,打开【开始】选项卡,在【段落】组中单击【下框线】下拉按钮 ▦·,在弹出的菜单中选择【边框和底纹】命令,打开【边框和底纹】对话框的【边框】选项卡。【边框】选项卡中各选项的功能如下。

● 【设置】选项区域:提供了 5 种边框样

式,从中可选择所需的样式。

● 【样式】列表框:在该列表框中列出了各种不同的线条样式,从中可选择所需的线型。

● 【颜色】下拉列表框:可以为边框设置所需的颜色。

● 【宽度】下拉列表框:可以为边框设置相应的宽度。

● 【应用于】下拉列表框:可以选择边框应用的对象是文字或段落。

【例 8-7】在"公告"文档中为文本和段落设置边框。
视频+素材（光盘素材\第 08 章\例 8-7）

01 启动 Word 2010 应用程序,打开"公告"文档。

02 选取所有的文本,打开【开始】选项卡,在【段落】组中单击【下框线】下拉按钮 ▦·,在弹出的菜单中选择【边框和底纹】命令,打开【边框和底纹】对话框。

03 打开【边框】选项卡,在【设置】选项区域中选择【三维】选项,在【样式】列表框中选择一种线型样式.在【颜色】下拉列表框中选择【深蓝】色块.在【宽度】下拉列表框中选择【3.0磅】选项.单击【确定】按钮。

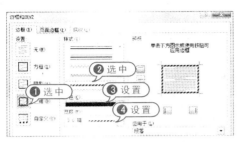

04 此时即可为文档中所有段落添加一个三维的边框。

05 先选取倒数第3段中的文本"内部资料 版权所有",再使用同样的方法打开【边框和底纹】对话框。

06 打开【边框】选项卡,在【设置】选项区域中选择【阴影】选项,在【样式】列表框中选择【波浪线】选项,在【颜色】下拉列表框中选择【黑色,文字1,淡色50%】色块,单击【确定】按钮。

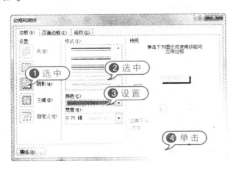

07 此时将在"内部资料 版权所有"文本四周添加一个淡黑色边框。

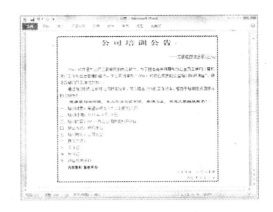

专家指点

除了使用上述方法对文字边框进行设置外,用户还可以打开【开始】选项卡,在【字体】组中使用【字符边框】按钮 A 对文字边框进行快速设置。

08 在快速访问工具栏中单击【保存】按钮，保存修改后的"公告"文档。

2. 设置页面边框

设置页面边框可以使打印出的文档更加美观。特别是要设置一篇精美的文档时,添加页面边框是一个很好的办法。

打开【边框和底纹】对话框的【页面边框】选项卡,只需在【艺术型】下拉列表框中选择一种艺术型样式后单击【确定】按钮,即可为页面应用艺术型边框。

注意事项

【页面边框】选项卡中的设置基本上与【边框】选项卡相同,只是多了【艺术型】下拉列表框,通过该列表框可以设置页面的边框样式为艺术型样式。

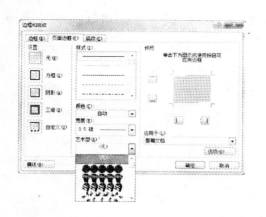

【例8-8】为【例8-6】中创建的"公告"文档设置页面边框。

视频+素材 （光盘素材\第08章\例8-8）

01 启动 Word 2010 应用程序,打开【例8-6】中创建的"公告"文档。

02 打开【开始】选项卡,在【段落】组中单击【下框线】下拉按钮，在弹出的菜单中选择【边框和底纹】命令,打开【边框和底纹】对话框。

03 打开【页面边框】选项卡,在【艺术型】下拉列表框中选择一种绿色蝴蝶结样式,在【宽度】微调框中输入"30磅",在【设置】选项区域中选择【三维】选项。

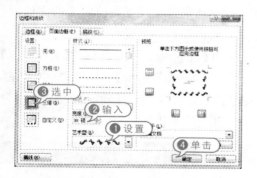

専家指点

在【页面边框】选项卡的【应用于】下拉列表框中选择【整篇文档】选项,所有的页面都将应用边框样式;如果选择【本节】选项,只有当前的页面应用边框样式。

04 单击【确定】按钮,即可显示页面边框效果。

05 为了方便查看页面的整体效果,在视图栏中拖动滑块调节显示比例为50%。

06 在快速访问工具栏中单击【保存】按钮，保存修改后的"公告"文档。

8.4.2 设置底纹

设置底纹不同于设置边框,底纹只能对文字、段落添加,而不能对页面添加。

打开【边框和底纹】对话框的【底纹】选项卡,在其中对填充的颜色和图案等进行设置;在【应用于】下拉列表框中可以设置添加底纹的对象,如文本或段落。

打开【开始】选项卡,在【字体】组中使用【字符底纹】按钮 **A** 和【以不同颜色突出显示文本】按钮 ，即可为文字添加底纹,从而使文档重点内容更为突出。

【例8-9】在"公告"文档中为文本和段落设置底纹。
视频+素材 （光盘素材\第08章\例8-9）

01 启动 Word 2010 应用程序,打开【例8-7】中创建的"公告"文档。

02 选取第 2 段文本,打开【开始】选项卡,在【字体】组中单击【以不同颜色突出显示文本】按钮 ，即可快速为文本添加黄色底纹。

03 选取所有的文本,打开【开始】选项卡,在【段落】组中单击【下框线】下拉按钮 ，在弹出的菜单中选择【边框和底纹】命令,打

开【边框和底纹】对话框。

04 打开【底纹】选项卡,单击【填充】下拉按钮,从弹出的颜色面板中选择【紫色,强调文字颜色 4,淡色 80％】色块后单击【确定】按钮。

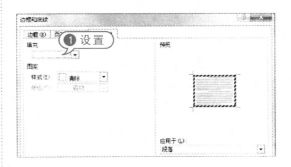

在【底纹】选项卡中,如果填充选项区域内颜色面板中的色块满足不了用户的需求,可在【颜色】下拉列表框中选择【其他颜色】选项,打开【颜色】对话框,在其中自定义所需的颜色。

05 此时,为文档中所有段落添加了一种淡紫色底纹,按 Ctrl＋S 快捷键保存文档。

8.5 模板和样式

模板是针对一篇文档中所有段落或文字的格式设置,决定了文档的基本结构和设置,而样式就是字体格式和段落格式等特性的组合。在排版中使用模板和样式可以统一文档的风格和美化文档的外观,提高工作效率。

8.5.1 使用模板

在 Word 2010 中,任何文档都是以模板为基础的。模板是"模板文件"的简称,实际上是一种具有特殊格式的 Word 文档。模板可以作为模型用以创建其他类似的文档,包括特定的字体格式、段落样式、页面设置、快捷键方案和宏等格式。

当用户基于模板创建新文档时,新建文档就自动带有模板中所有已设置的内容和格式,这样就省去了重复性的设置工作,为用户制作大量同类格式的文档带来便捷。

1. 根据现有文档创建模板

根据现有文档创建模板,是指打开一个已有的与需要创建的模板格式相近的 Word 文档,在对其进行编辑修改后将其另存为一个新的模板文件。通俗地讲,当需要用到的文档设置包含在现有的文档中时,就可以以该文档为基础来创建模板。

【例 8-10】将现有的素材"奖状"文档保存为"奖状模式"模板。
视频+素材(光盘素材\第 08 章\例 8-10)

01 启动 Word 2010 应用程序,打开素材【奖状】文档。

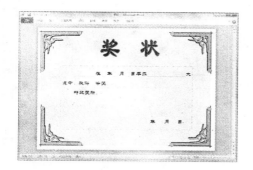

02 单击【文件】按钮,从弹出的【文件】菜单中选择【另存为】命令,打开【另存为】对话框。

03 选择模板的存放路径,在【文件名称】文本框中输入"奖状模式",在【保存类型】下拉列表框中选择【Word 模板】选项,单击【保存】按钮。

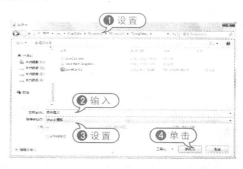

❶ 设置　❷ 输入　❸ 设置　❹ 单击

注意事项

Word 2010 原始模板文档默认存放路径 C:\Users\cxz\AppData\Roaming\Microsoft\Templates。

04 此时,文档"奖状"将以模板形式保存在【我的模板】中。

05 在 Word 2010 文档窗口中单击【文件】按钮,从弹出的菜单中选择【新建】命令,然后在【可用模板】列表框中选择【我的模板】选项,打开【新建】对话框,即可查看到刚创建的【奖状模式】模板。

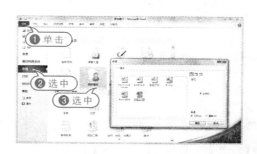

❶ 单击　❷ 选中　❸ 选中

专家指点

在 Word 2010 中用户还可以根据现有模板创建模板(即以现有模板为基础创建新模板)。根据现有模板创建模板实际上是指根据一个已有模板新建一个模板文件,再对其进行相应的修改,并将其保存。

2. 使用自创模板创建文档

本书第 7 章中已经介绍过使用 Word 2010 自带的一些常用的文档模板可以快速创建基于某种类型的文档，下面介绍使用自创的模板创建新文档的方法。

【例 8-11】使用"奖状模式"模板创建"诗歌朗诵大赛奖状"文档。

视频+素材 （光盘素材\第 08 章\例 8-11）

01 启动 Word 2010 应用程序，新建一个空白文档，单击【文件】按钮，在弹出的菜单中选择【新建】命令，然后在【可用模板】列表框中选择【我的模板】选项。

02 打开【新建】对话框，在【个人模板】列表框中选择【奖状模式】选项，然后单击【确定】按钮。

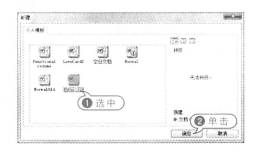

03 此时将打开以【奖状模式】为模板的文档，输入相关的文本内容即可。

04 单击【文件】按钮，从弹出的菜单中选择【保存】命令，打开【另存为】对话框，选择文件的保存路径，在【文件名称】文本框中输入

"诗歌朗诵大赛奖状"，单击【保存】按钮。

05 此时，文档将以"诗歌朗诵大赛奖状"为名进行保存。

8.5.2 使用样式

样式是应用于文档中的文本、表格和列表的一套格式特征。它是 Word 针对文档中一组格式进行的定义，这些格式包括字体、字号、字形、段落间距、行间距以及缩进量等内容，其作用是方便用户对重复的格式进行设置。

每个文档都是基于一个特定的模板，每个模板中都会自带一些样式，又称为内置样式。如果需要应用的格式组合和某内置样式的定义相符，就可以直接应用该样式而不用新建文档的样式；如果内置样式中某些部分样式定义和需要应用的样式不相符，还可以自定义该样式。

1. 应用样式

Word 2010 自带的样式库中内置了多种样式，使用这些样式可以快速地美化文档，如为文档中的文本设置标题、字体和背景等。

在 Word 2010 中，选择要应用某种内置样式的文本，打开【开始】选项卡，在【样式】组中进行相关设置。在【样式】组中单击对话框启动器 将会打开【样式】任务窗格，在【样式】列表框中可以选择样式。

2. 修改样式

如果某些内置样式无法完全满足某种格式设置的要求，则可以在内置样式的基础上进行修改。在【样式】任务窗格中单击样式选项的下拉按钮，在弹出的快捷菜单中选择【修改】命令，打开【修改样式】对话框，在其中可以更改相应的设置。

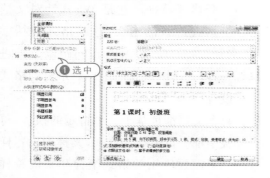

【例8-12】新建"培训计划"文档，为标题应用标题和副标题样式，并修改【标题1】样式和【正文】样式。

📀 视频·素材（光盘素材\第08章\例8-12）

01 启动 Word 2010 应用程序，新建一个名为"培训计划"的文档，在其中输入文本内容，所有文本默认应用【正文】样式。

02 选中标题文本"中小学教师培训"，在【开始】选项卡的【样式】组中单击【其他】按钮 ，从弹出的列表框中选择【标题】样式，即可将该样式应用于选中的段落文字中。

03 将插入点定位在副标题文本"——计算机基础操作"中任意位置，打开【开始】选项卡，单击【样式】对话框启动器 ，打开【样式】任务窗格。

04 在【样式】列表框中选择【副标题】样式，快速应用样式【副标题】。

05 使用同样方法，为其他文本应用【标题1】样式。

注意事项

如果多处文本使用相同的样式,可按 Ctrl 键的同时选取多处文本,在【样式】任务窗格中选择某一样式后将统一应用该样式。

06 将插入点定位在任意一处带有【标题 1】样式的文本中,在【开始】选项卡的【样式】组中单击【样式】对话框启动器 ⌐,打开【样式】任务窗格。

07 单击【标题 1】样式旁的箭头按钮,从弹出的快捷菜单中选择【修改】命令。

08 打开【修改样式】对话框,在【属性】选项区域的【样式基准】下拉列表框中选择【无样式】选项;在【格式】选项区域的【字体】下拉列表框中选择【华文楷体】选项,在【字号】下拉列表框中选择【三号】选项;单击【格式】按钮,从弹出的快捷菜单中选择【段落】选项。

09 打开【段落】对话框,在【间距】选项区域中,将【段前】、【段后】的距离均设置为【0.5行】,并且将【行距】设置为【最小值】,【设置值】为【16磅】,然后单击【确定】按钮,完成段落设置。

10 返回至【修改样式】对话框,单击【格式】按钮,从弹出的快捷菜单中选择【边框】命令,打开【边框和底纹】对话框。

11 打开【底纹】选项卡,在【填充】颜色面板中选择【红色,强调文字颜色 2,淡色 40%】色块,单击【确定】按钮,填充底纹。

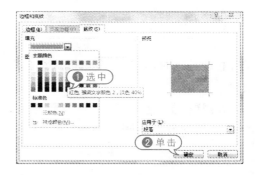

12 返回【修改样式】对话框,单击【确定】按钮,此时【标题 1】样式修改成功,并自动应用到文档中。

13 将插入点定位在正文文本中,使用同样的方法修改【正文】样式,设置字体颜色为

【蓝色,强调文字颜色1】,段落格式为【首行缩进】、【2字符】。

14 设置完成后,自动将修改后的【正文】样式应用到文档中。

15 在快速访问工具栏中单击【保存】按钮，保存"培训计划"文档。

3. 新建样式

如果现有文档的内置样式与所需格式设置相距甚远时,创建一个新样式将会更为便捷。

在【样式】任务窗格中单击【新样式】按钮，打开【根据格式设置创建新样式】对话框。

在【名称】文本框中输入要新建的样式的名称;在【样式类型】下拉列表框中选择【字符】或【段落】选项;在【样式基准】下拉列

表框中选择该样式的基准样式(所谓基准样式就是最基本或原始的样式,文档中的其他样式都以此为基础);单击【格式】按钮,可以为字符或段落设置格式。

> 【例8-13】在"培训计划"文档中添加摘要文本,并创建【摘要】样式,将其应用到文档中。
> 📀 视频+素材 (光盘素材\第08章\例8-13)

01 启动 Word 2010 应用程序,打开"培训计划"文档。

02 将插入点定位到文档末尾,按 Enter 键换行,然后输入摘要文本。

03 在【开始】选项卡的【样式】组中单击【样式】对话框启动器，打开【样式】任务窗格。

04 单击【新样式】按钮，打开【根据格式设置创建新样式】对话框,在【名称】文本框中输入"摘要";在【样式基准】下拉列表框中选择【无样式】选项;在【格式】选项区域的【字体】下拉列表框中选择【隶书】选项,在【字体颜色】下拉列表框中选择【红色,强调文字样式2】色块。

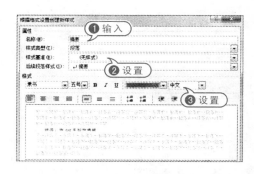

05 单击【格式】按钮,在弹出的菜单中选择【段落】命令,打开【段落】对话框,设置【对齐

方式】为【右对齐】,【段前】间距设为【0.5 行】。

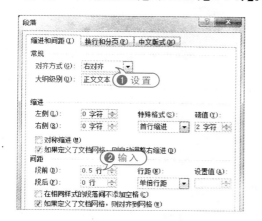

06 单击【确定】按钮完成设置,摘要文本将自动应用新样式,此时在【样式】任务窗格中将显示【摘要】样式。

07 在快速访问工具栏中单击【保存】按钮,将修改后的"培训计划"文档保存。

4. 删除样式

在 Word 2010 中,可以在【样式】任务窗格中删除样式,但无法删除模板的内置样式。

删除样式时,在【样式】任务窗格中单

击需要删除的样式旁的箭头按钮,在弹出的菜单中选择【删除】命令,将打开【确认删除】对话框,单击【是】按钮即可删除该样式。

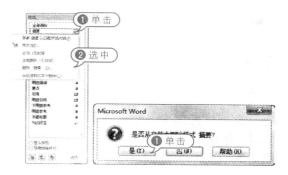

另外,在【样式】任务窗格中单击【管理样式】按钮,打开【管理样式】对话框,在【选择要编辑的样式】列表框中选择要删除的样式后单击【删除】按钮,同样可以删除选中的样式。

注意事项

如果删除了创建的段落样式,Word 2010 将对所有具有此样式的段落应用【正文】样式。

8.6 特殊格式排版

一般报刊杂志都需要创建带有特殊效果的文档,需要配合使用一些特殊的排版方式。Word 2010 提供了多种特殊的排版方式,例如文字竖排、首字下沉和分栏等。

8.6.1 竖排文本

古人写字都是以从右至左、从上至下的方式进行竖排书写,但现代人一般都以从左至右的方式书写文字。使用 Word 2010 的文字竖排功能,可以轻松输入古代诗词,从而达到复古的效果。

【例8-14】新建"古代诗词"文档,对其中的文字进行垂直排列。

📹 视频·素材 (光盘素材\第08章\例8-14)

01 启动 Word 2010 应用程序,新建一个名为"古代诗词"的文档,并在其中输入文本内容。

02 按 Ctrl+A 快捷键选中所有的文本,设置文本的字体为【华文行楷】,字号为【二号】,字体颜色为【橄榄色,强调文字颜色3,深色50%】。

03 选中文本,打开【页面布局】选项卡,在【页面设置】组中单击【文字方向】按钮,从弹出的菜单中选择【垂直】命令。

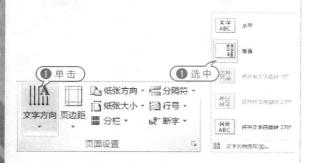

04 此时,将以从上至下、从右到左的方式排列诗歌内容。

05 在快速访问工具栏中单击【保存】按钮,快速保存新建的"古代诗词"文档。

💡 **专家指点**

在【页面布局】选项卡的【页面设置】组中单击【文字方向】按钮,从弹出的菜单中选择【文字方向选项】命令,打开【文字方向-主文档】对话框,在【方向】选项区域中可以设置文字的其他排列方式,如从上至下、从下至上等。

8.6.2 首字下沉

首字下沉是报刊杂志中较为常用的一种文本修饰方式,使用该方式可以很好地改善文档的外观,使文档更美观、更引人注目。

设置首字下沉,就是使第1段开头的第一个字放大。放大的程度用户可以自行设定,占据两行或者三行的位置均可,而其他字符围绕在它的右下方。

在 Word 2010 中,首字下沉共有两种不同的方式,一种是普通的下沉,另一种是悬挂下沉。这两种方式区别之处就在于"下沉"方式设置的下沉字符紧靠其他的文字，而"悬挂"方式设置的下沉字符可以随意地移动其位置。

【例8-15】新建"元宵灯会"文档，将正文第1段中的首字设置为首字下沉3行，距正文0.5厘米。

视频+素材 （光盘素材\第08章\例8-15）

01 启动Word 2010应用程序，新建一个名为"元宵灯会"的文档，再在其中输入文本，并为文本和段落设置格式。

02 打开【插入】选项卡，在【文本】组中单击【首字下沉】按钮，在弹出的菜单中选择【首字下沉选项】命令，打开【首字下沉】对话框。

03 选择【下沉】选项，在【字体】下拉列表框中选择【华文彩云】选项，在【下沉行数】微调框中输入"3"，在【距正文】微调框中输入"0.5厘米"，单击【确定】按钮。

04 此时，正文第1段中的首字将以华文彩云字体下沉3行的形式显示在文档中。

05 在快速访问工具栏中单击【保存】按钮，保存"元宵灯会"文档。

8.6.3 分栏

分栏是指按实际排版需求将文本分成若干个条块，使版面更为美观。在阅读报刊杂志时，常常会发现许多页面被分成多个栏目。这些栏目有的是等宽的，有的是不等宽的，使得整个页面布局显得错落有致，易于读者阅读。

Word 2010具有分栏功能，用户可以把每一栏都视为一节，这样就可以对每一栏文本内容单独进行格式化和版面设计。

【例8-16】在"元宵灯会"文档中设置分三栏显示文本。

视频+素材 （光盘素材\第08章\例8-16）

01 启动Word 2010应用程序，打开"元宵灯会"文档。

02 选取第4~7段正文文本，打开【页面布局】选项卡，在【页面设置】组中单击【分栏】按钮，在弹出的快捷菜单中选择【更多分栏】命令。

03 打开【分栏】对话框，在【预设】选项区域中选择【三栏】选项，保持选中【栏宽相等】复选框，并选中【分隔线】复选框，然后单击【确定】按钮。

注意事项

在进行分栏操作前，用户必须首先选中需要分栏的对象，可以是整个文档内容，也可以是一篇文档内容，也或者是仅仅一段文档内容。分栏操作仅适合于文本中的正文，页眉、页脚、批注或文本框是不能分栏的。

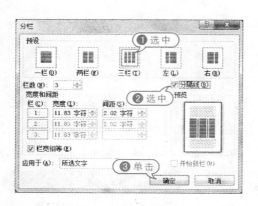

04 此时,选中的 4 段文本将以三栏的形式显示。

05 在快速访问工具栏中单击【保存】按钮，保存"元宵灯会"文档。

8.7 长文档的高级排版

Word 2010 本身提供了一些处理长文档功能和特性的编辑工具,例如使用大纲视图方式组织文档、制作目录、添加批注和修订长文档等。

8.7.1 使用大纲视图组织文档

Word 2010 中的"大纲视图"功能就是专门用于制作提纲的,它以缩进文档标题的形式代表在文档结构中的级别。

1. 查看文档

打开【视图】选项卡,在【文档视图】组中单击【大纲视图】按钮,或单击窗口状态栏上的【大纲视图】按钮 ，切换至大纲视图模式,此时【大纲】选项卡将出现在窗口中。

在【大纲工具】组的【显示级别】下拉列表框中选择显示级别。将鼠标指针定位在要展开或折叠的标题中,单击【展开】按钮 或【折叠】按钮 ，可以扩展或折叠大纲标题。

注意事项

在【大纲】选项卡的【大纲工具】组中单击【提升】按钮 或【降低】按钮 ，对该标题实现层次级别的升或降;如果想要将标题降级为正文,可单击【降级为正文】按钮 ；如果要将正文提升至标题 1,可单击【提升至标题 1】按钮 。按下 Alt＋Shift＋←组合键,可将该标题的层次级别提高一级;按下 Alt＋Shift＋→组合键,可将该标题的层次级别降低一级;按下 Alt＋Ctrl＋1 或 2 或 3 键,可使该标题的级别达到 1 级或 2 级或 3 级。

2. 选择大纲内容

在大纲视图模式下的选择操作是进行其他操作的前提和基础。下面将介绍大纲的选择操作,选择的对象包括标题和正文。

▶ 选择标题:如果仅仅选择一个标题,并不包括它的子标题和正文,可以将鼠标光标移至此标题的左端空白处,当鼠标光标变成一个斜向上的箭头形状 时,单击鼠标即可选中该标题。

▶ 选择一个正文段落:如果仅仅选择

一个正文段落,可以将鼠标光标移至此段落的左端空白处,当鼠标光标变成一个斜向上的箭头形状时单击鼠标,或单击此段落前的符号,即可选择正文段落。

▶ 同时选择标题和正文:如果要选择一个标题及其所有的子标题和正文,双击此标题前的符号即可;如果要选择多个连续的标题和段落,按住鼠标左键拖动选择即可。

8.7.2 制作目录

目录与一篇文章的纲要类似,通过它可以了解全文的结构和整个文档所要讨论的内容。在 Word 2010 中,可以为一个排版和编辑完成的稿件制作出美观的目录。

> 【例8-17】为"行政人事管理制度"文档创建目录。
> 视频+素材(光盘素材\第08章\例8-17)

01 启动 Word 2010 应用程序,打开"行政人事管理制度"文档。

02 将插入点定位在文档的开始处,按 Enter 键换行;再将插入点定位在第一行,按两次 Enter 键,继续换行。

03 切换至五笔输入法,在第一行中输入文本"目录",设置字体为【黑体】,字号为【一号】,并设置为【居中对齐】。

04 将插入点移至下一行,打开【引用】选项卡,在【目录】组中单击【目录】按钮,从弹出的菜单中选择【插入目录】命令,打开【目录】

对话框。

05 打开【目录】选项卡,在【显示级别】微调框中输入"2",单击【确定】按钮,即可在目录中插入二级标题。

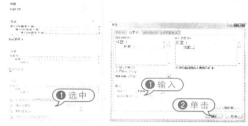

> **注意事项**
>
> 制作完目录后,只需按 Ctrl 键,再单击目录中的某个页码,就可以将插入点快速跳转到该页的标题处。

06 选取整个目录,打开【开始】选项卡,在【字体】组中的【字体】下拉列表框中选择【黑体】选项,在【字号】下拉列表框中选择【四号】选项。

07 在【段落】组中单击【居中】按钮,设置目录居中显示。

08 接着单击【段落】对话框启动器 ，打开【段落】对话框的【缩进和间距】选项卡，在【间距】选项区域的【行距】下拉列表框中选择【1.5 倍行距】选项，然后单击【确定】按钮，完成设置。

09 此时目录将以 1.5 倍的行距显示。

10 在快速访问工具栏中单击【保存】按钮，保存"行政人事管理制度"文档。

专家指点

要更新目录，可以先选中整个目录，然后在目录任意处右击鼠标，从弹出的快捷菜单中选择【更新域】命令，打开【更新目录】对话框，再在其中进行相关设置；要将整个目录文件复制到另一个文件中单独保存或打印，必须先断开链接（选中整个目录，再按 Ctrl＋Shift＋F9 组合键）。

8.7.3 添加批注

批注是指审阅者给文档内容加上的注解或说明，或者是阐述批注者的观点，在上级审批文件、老师批改作业时非常有用。

将插入点定位在要添加批注的位置或选中要添加批注的文本，打开【审阅】选项卡，在【批注】组中单击【新建批注】按钮，此时 Word 2010 会自动显示一个红色的批注框，用户在其中输入内容即可。

【例 8-18】在"行政人事管理制度"文档中添加多个批注。

视频+素材（光盘素材\第 08 章\例 8-18）

01 启动 Word 2010 应用程序，打开"行政人事管理制度"文档。

02 选中"总则"中的文本"从业人员"，打开【审阅】选项卡，在【批注】组中单击【新建批注】按钮，将自动添加一个红色的批注框。

03 在该批注框中输入批注文本。

04 使用同样的方法，在其他段落的文本中添加批注。

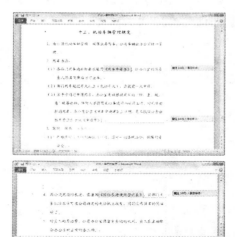

05 在快速访问工具栏中单击【保存】按钮，保存添加批注后的文档。

8.7.4 修订长文档

在审阅文档时，如果发现某些多余或遗漏的内容，若直接在文档中删除或修改，将不能看到原文档和修改后文档的对比情况。使用 Word 2010 的修订功能，可以将用户修改的每项操作以不同的颜色标识出来，方便作者进行对比和查看。

【例8-19】在"行政人事管理制度"文档中添加修订。

视频+素材（光盘素材\第08章\例8-19）

01 启动 Word 2010 应用程序，打开"行政人事管理制度"文档。

02 打开【审阅】选项卡，在【修订】组中单击【修订】按钮，进入修订状态。

03 选中第一节需要修改的文本的位置，输入所需的字符，添加的文本下方将显示红色下划线，此时添加的文本也以红色显示。

04 将文本插入点定位到第五节内容末尾处，按 Enter 键换行，然后输入文本，此时再输入的文本将以红色显示，并显示红色下划线。

05 查看第六节中的内容，编号出现错误，重新修改编号数值。

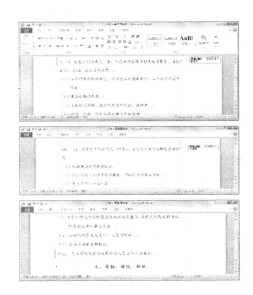

06 使用同样的方法修订其他文档内容。

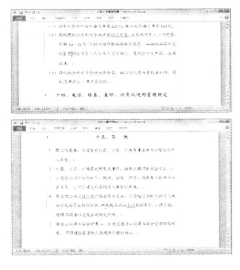

07 当所有的修订工作完成后再次单击【修订】组中的【修订】按钮，即可退出修订状态。

08 在快速访问工具栏中单击【保存】按钮，保存修订过的文档。

注意事项

同一个文档可以由多人修订，任何人都可以在文档中添加修订，Word 会以不同颜色及用户名显示是谁添加了标注。

8.8 实战演练

本章的进阶练习部分包括制作会议演讲稿和编排"公司规章制度"文档两个综合实例操作,用户可通过练习从而巩固本章所学知识。

8.8.1 制作会议演讲稿

【例8-20】使用 Word 2010 制作会议演讲稿。
视频+素材 (光盘素材\第08章\例8-20)

01 启动 Word 2010 应用程序,新建一个名为"会议演讲稿"的文档,然后切换至五笔输入法,输入文本内容。

02 选取标题文本"会议演讲稿",打开【开始】选项卡,单击【字体】对话框启动器,打开【字体】对话框。

03 打开【字体】选项卡,设置字体为【黑体】,字号为【二号】,字体颜色为【深红】。

04 打开【高级】选项卡,设置标题文本的字符间距为"加宽6磅"。

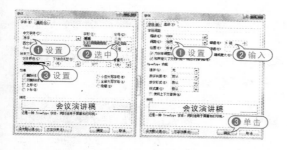

05 在【开始】选项卡的【段落】组中单击【居中】按钮,设置标题文本居中对齐。

06 按 Enter 键换行,再按 Shift+~组合键,在正文和报头之间插入"~"符号。

07 选取第2、3和最后1段文本,单击【段落】组对话框启动器,打开【段落】对话框的【缩进和间距】选项卡。

08 在【特殊格式】下拉列表框中选择【首行缩进】选项,【磅值】文本框中自动输入"2字符",单击【确定】按钮,设置段落首行缩进2个字符。

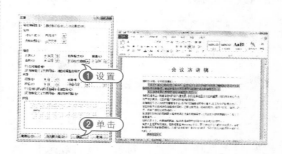

09 将插入点定位在标题段中,使用同样的方法打开【段落】对话框的【缩进和间距】选项卡,在【间距】选项区域的【段前】和【段后】微调框中输入"1行",单击【确定】按钮,为标题设置段间距为1行。

10 选择段落"工作设想"后面的并列项目,打开【开始】选项卡,在【段落】组中单击【项

目符号】下拉按钮 三 ，从弹出的下拉菜单中选择【定义新项目符号】命令，打开【定义新项目符号】对话框。

11 单击【图片】按钮，打开【图片项目符号】对话框，单击【导入】按钮。

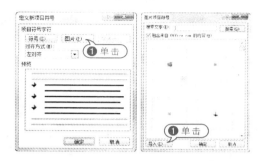

12 打开【将剪辑添加到管理器】对话框，查找图片所在位置后选中图片，单击【添加】按钮。

13 返回至【图片项目符号】对话框，预览导入的图片后单击【确定】按钮。

14 返回至【定义新项目符号】对话框，在【预览】选项区域中查看项目符号的效果，单击【确定】按钮。

15 此时，将在文档中显示自定义的图片项目符号。

16 选取项目符号后面的并列文本，然后在【开始】选项卡的【段落】组中单击【编号】下拉按钮 三 ，从弹出下拉菜单中选择【定义新编号格式】命令，打开【定义新编号格式】对话框。

17 在【编号样式】下拉列表框中选择一种样式，设置对齐方式为【右对齐】。

18 单击【确定】按钮，即可为所选段落添加编号。

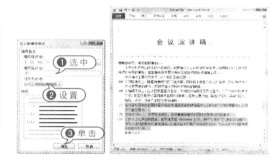

19 选取第2段文本，打开【开始】选项卡，在【字体】组中单击【以不同颜色突出显示文本】按钮，即可快速为文本添加黄色底纹。

20 选取第5、8段文本，在【开始】选项卡的【字体】组中单击【字符底纹】按钮 A ，即可为文本快速添加灰色底纹。

21 在快速访问工具栏中单击【保存】按钮，保存"会议演讲稿"文档。

8.8.2　编排公司规章制度

【例 8-21】编排公司规章制度。

视频+素材（光盘素材\第 08 章\例 8-21）

01 启动 Word 2010 应用程序，打开"公司规章制度"文档。

02 打开【视图】选项卡，在【文档视图】组中单击【大纲视图】按钮，切换至大纲视图以查看文档结构。

03 若文档中未设置标题级别，此时用户可以根据需要设置标题级别。将插入点定位到文本"公司规章制度"开始处，在【大纲】选项卡的【大纲工具】组中单击【提升至标题 1】按钮，将该正文文本设置为标题 1。

04 将插入点定位在文本"第一章 总则"处，在【大纲工具】组的【大纲级别】下拉列表框中选择【2 级】，将文本设置为 2 级标题。

05 使用同样的方法，设置其他正文文本为 2 级标题。

06 设置级别完毕后，在【大纲】选项卡的【大纲工具】组中单击【显示级别】下拉按钮，从弹出的菜单中选择【2 级】命令。

07 此时即可将文档中的 2 级标题全部显示出来。

08 在【大纲】选项卡的【关闭】组中单击【关闭大纲视图】按钮，返回至页面视图。

09 打开【视图】选项卡，在【显示】组中选中【导航窗格】复选框，打开【导航】任务窗格。

10 在【浏览您的文档中的标题】列表框中单击标题按钮，即可快速切换至该标题查看相关文档内容。

11 查看完文档后，单击【导航】任务窗格右上角的【关闭】按钮，关闭【导航】任务窗格。

12 将插入点定位在文档开始位置，打开【引用】选项卡，在【目录】组中单击【目录】按钮，从弹出的【内置】列表框中选择【自动目录 2】样式，在文档开始处将自动插入该样式的目录。

13 选取文本"目录",设置字体为【隶书】,字号为【二号】,对齐方式为【居中对齐】。

14 选取整个目录,在【开始】选项卡中单击【段落】对话框启动器 ![icon],打开【段落】对话框。

15 打开【缩进和间距】选项卡,在【行距】下拉列表中选择【2倍行距】选项,单击【确定】按钮,完成目录格式的设置。

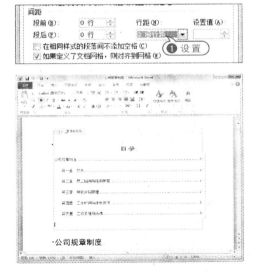

16 选取第一章中的文本"《劳动法》、《劳动合同法》",打开【审阅】选项卡,在【批注】组中单击【新建批注】按钮,Word会自动添加批注框,在其中输入批注文本即可。

17 使用同样的方法添加其他批注框。

18 在【审阅】选项卡的【修订】组中单击【修订】按钮,根据文档内容修订错误。

19 在快速访问工具栏中单击【保存】按钮 ![icon],保存编排的"公司规章制度"文档。

8.9 专家答疑

 一问一答

问:如何批量设置 Word 中的上标和下标?

答:首先在 Word 2010 中输入需要设置上标和下标的文本。选择要设置上标的文本后,先在【开始】选项卡的【字体】组中单击【上标】按钮 ![x²],设置上标文本,然后在【剪贴板】组中双击【格式刷】按钮 ![brush],此时光标成"刷子"状态,按住左键选择要设置成上标的文本,即可批量设置上标；再次单击【格式刷】按钮，退出格式刷模式。

　　使用同样的方法可批量设置下标。即先选择下标文本，在【开始】选项卡的【字体】组中单击【下标】按钮 ×₂ ，设置下标文本，然后在【剪贴板】组中双击【格式刷】按钮 ✔ ，此时光标成"刷子"状态，按住鼠标左键选择要设置成下标的文本，即可批量设置下标。

 一问一答

问：如何在 Word 2010 文档中使用脚注和尾注？

　　答：脚注和尾注是对文本的补充说明，或者对文档中引用信息的注释。脚注一般位于插入脚注页面的底部，可以作为文档某处内容的注释；而尾注一般位于整篇文档的末尾，列出引文的出处等。打开【引用】选项卡，在【脚注】组中单击【插入脚注】或【插入尾注】按钮，即可为文档插入脚注或尾注，并输入脚注或尾注内容。

 一问一答

问：如何在长文档中添加书签和定位书签？

　　答：在 Word 2010 中可以使用书签命名文档中指定的点或区域，以识别章、表格的开始处，或者定位需要工作的位置、离开的位置等。

　　将插入点定位到标题"第一章 总则"之前，打开【插入】选项卡，在【链接】组中单击【书签】按钮，打开【书签】对话框，在【书签名】文本框中输入书签的名称"总则"，单击【添加】按钮，将该书签添加到书签列表框中；单击【文件】按钮，在弹出的菜单中选择【选项】命令，打开【Word选项】对话框，在左侧的列表框中选择【高级】选项，在打开的对话框右侧列表的【显示文档内容】选项区域中选中【显示书签】复选框，然后单击【确定】按钮，此时书签标记 I 将显示在标题"第一章 总则"之前。

　　在定义了一个书签之后，可以使用【定位】对话框来定位书签。打开【开始】选项卡，在【编辑】组中单击【查找】下拉按钮，在弹出的菜单中选择【转到】命令，打开【查找与替换】对话框的【定位】选项卡，在【定位目标】列表框中选择【书签】选项，在【请输入书签名称】下拉列表框中选择书签【总则】选项，单击【定位】按钮，此时插入点会自动定位到书签位置。

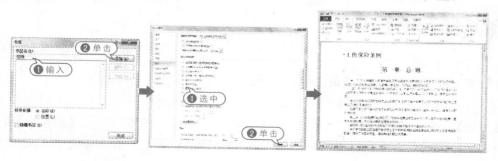

第9章

文档的图文混排

如果一篇文章全部都是文字，没有任何修饰性的内容，这样的文档在阅读时不仅缺乏吸引力，而且会使读者阅读起来劳累不堪。在文章中适当地插入一些图形、图片、表格等对象，不仅会使文章、报告显得生动有趣，还能帮助读者更快地理解文章内容。

参见随书光盘

9.1 使用图片

为了使文档更加美观、生动，可以在其中插入图片对象。在 Word 2010 中，不仅可以插入系统提供的图片，还可以从其他程序或位置导入图片，甚至可以使用屏幕截图功能直接从屏幕中截取画面。

9.1.1 插入剪贴画

Word 2010 所提供的剪贴画库内容非常丰富，设计精美、构思巧妙，能够表达不同的主题，适合于制作各种文档。

要插入剪贴画，可以打开【插入】选项卡，在【插图】组中单击【剪贴画】按钮，打开【剪贴画】窗格，单击【搜索】按钮，将搜索出系统内置的剪贴画。

【例 9-1】新建"汽车推广页"文档，并在其中插入剪贴画。
视频+素材（光盘素材\第 09 章\例 9-1）

01 启动 Word 2010 应用程序，打开一个空白文档，并将其以文件名"汽车推广页"进行保存。

02 打开【插入】选项卡，在【插图】组中单击【剪贴画】按钮，打开【剪贴画】任务窗格。

03 在【搜索文字】文本框中输入"汽车"，单击【搜索】按钮，将自动查找电脑与网络上的相关剪贴画文件。

04 搜索完毕后，将在其下的列表框中显示搜索结果，单击所需的剪贴画图片，即可将其插入到文档中。

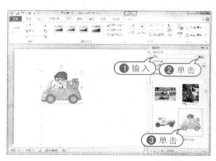

专家指点

打开【剪贴画】任务窗口，在【结果类型】下拉列表框中可以将搜索的结果设置为特定的媒体文件类型。

05 按 Ctrl＋S 快捷键，保存新建的文档。

9.1.2 插入电脑中的图片

在 Word 2010 中除了可以插入剪贴画，还可以从磁盘的其他位置中选择要插入的图片文件。

【例 9-2】在"汽车推广页"文档中插入电脑中已保存的图片。
视频+素材（光盘素材\第 09 章\例 9-2）

01 启动 Word 2010 应用程序，打开"汽车推广页"文档。

02 将插入点定位在第 2 行，打开【插入】选项卡，在【插图】组中单击【图片】按钮，打开【插入图片】对话框。

注意事项

在【插入图片】对话框中可以选择不同的图标方式来显示图片，即单击 ▼ 按钮，从弹出的列表框中可选择大图标、中等图标或小图标等选项。

03 选择电脑中图片的位置后选中图片，单击【插入】按钮，即可将其插入到文档中。

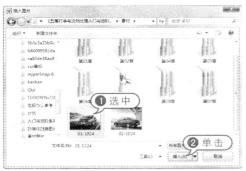

9.1.3 截取屏幕画面

用户如果需要在 Word 文档中使用当前页面中的某个图片或者图片的某一部分，则可以使用 Word 2010 提供的"屏幕截图"功能来实现。

【例9-3】在"汽车推广页"文档中插入使用屏幕截图功能截取的网页中的部分图片。
视频+素材 （光盘素材\第09章\例9-3）

01 启动 Word 2010 应用程序，打开"汽车推广页"文档。

02 启动 IE 浏览器，在地址栏中输入"http://news.cheshi.com/20120326/534843.shtml"，打开所需的网页页面。

03 将窗口切换到"汽车推广页"文档窗口，打开【插入】选项卡，在【插图】组中单击【屏幕截图】按钮，从弹出的列表框中选择【屏幕剪辑】选项。

04 进入屏幕截图状态，灰色区域中显示截图网页的窗口，将鼠标指针移动到需要图片的位置，待指针变为"十"字形时，按住鼠标左键进行拖动。

05 拖动至合适的位置后释放鼠标，此时截图完毕，将在文档中显示所截取的图片。

06 在快速访问工具栏中单击【保存】按钮，保存插入的图片。

专家指点

打开【插入】选项卡,在【插图】组中单击【屏幕截图】按钮,在【可用视窗】列表中选择一个窗口,即可在文档插入点处插入所截取的窗口图片。

9.1.4 设置图片格式

插入图片后,Word 2010 将会自动打开【图片工具】的【格式】选项卡,使用相应功能工具,可以设置图片的颜色、大小、版式和样式等。

【例 9-4】在"汽车推广页"文档中为插入的图片设置格式。
📹视频+素材（光盘素材\第 09 章\例 9-4）

01 启动 Word 2010 应用程序,打开"汽车推广页"文档。

02 选中插入的剪贴画,打开【图片工具】的【格式】选项卡,在【大小】组中的【形状高度】微调框中输入"2.5 厘米",按 Enter 键即可自动调节图片的宽度。

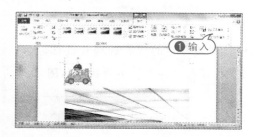

03 在【排列】组中单击【自动换行】按钮,从弹出的菜单中选择【浮于文字上方】命令,此时剪贴画将浮动在下行的图片上。

04 将鼠标指针移至剪贴画上,待鼠标指针变为 形状时,按住鼠标左键不放向文档最右侧进行拖动,拖动到合适位置后释放鼠标左键,调节剪贴画的位置。

05 在【调整】组中单击【颜色】按钮,从弹出的【重新着色】列表框中选择【橄榄色,强调文字颜色 3 浅色】选项,为剪贴画重新着色。

06 选中红色汽车图片,将鼠标指针移至图片右下角的控制手柄上,当鼠标指针变为双向箭头形状时,按住鼠标左键不放向左上方进行拖动。

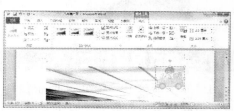

07 拖动至合适位置后释放鼠标,此时可以看到图片的大小已被调整。

08 使用同样的方法,调节蓝色汽车图片的大小。

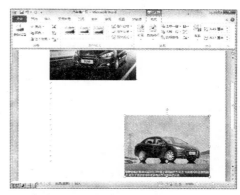

09 选中蓝色汽车,在【排列】组中单击【自动换行】下拉按钮,从弹出的下拉菜单中选择【浮于文字上方】选项,设置图片浮于文字上方。

10 使用鼠标拖动法将图片拖动到窗口的右下侧。

11 打开【图片工具】的【格式】选项卡,在【图片样式】组中单击【快速样式】下拉按钮，从弹出的下拉列表框中选择【居中矩形阴影】选项。

12 此时文档中的蓝色汽车图片将自动应用该样式。

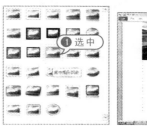

专家指点

在【图片样式】组中单击【图片边框】按钮,可以为图片设置边框的颜色和线型;单击【图片效果】按钮,可以为图片设置阴影、映像、发光和三维效果等效果。

13 在快速访问工具栏中单击【保存】按钮，保存设置图片格式后的文档。

9.2 使用艺术字

在流行报刊杂志上常常会看到各种各样的艺术字,这些艺术字给文章增添了强烈的视觉冲击效果。使用 Word 2010 可以创建出文字的各种艺术效果,甚至可以把文本扭曲成各种各样的形状或设置为具有三维轮廓的效果。

9.2.1 插入艺术字

插入艺术字的方法有两种:一种是先输入文本,再将输入的文本应用为艺术字样式;另一种是先选择艺术字样式,再输入需要的艺术字文本。

打开【插入】选项卡,在【文本】组中单击【艺术字】按钮,打开艺术字列表框,在其中选择艺术字的样式后即可在 Word 文档中插入艺术字。

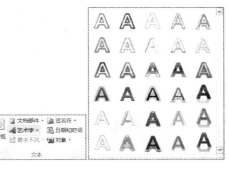

【例9-5】在"汽车推广页"文档中插入艺术字。

📹视频+素材（光盘素材\第09章\例9-5）

01 启动 Word 2010 应用程序，打开"汽车推广页"文档。

02 将插入点定位在第1行，打开【插入】选项卡，在【文本】组中单击【艺术字】按钮，在艺术字列表框中选择【填充-橄榄色，强调文字颜色3，轮廓-文本2】样式，即可在插入点处插入所选的艺术字。

03 切换至五笔输入法，在提示文本"请在此放置您的文字"处输入文本，设置字体为【方正大黑简体】，字号为【小初】。

04 拖动鼠标移动艺术字至合适的位置，按Ctrl+S快捷键保存文档。

9.2.2　设置艺术字格式

选中艺术字，系统会自动打开【绘图工具】的【格式】选项卡，使用该选项卡内相应功能组中的工具按钮，可以设置艺术字的样式、填充效果等属性，还可以对艺术字进行大小调整、旋转或添加阴影、三维效果等操作。

【例9-6】在"汽车推广页"文档中设置艺术字格式。

📹视频+素材（光盘素材\第09章\例9-6）

01 启动 Word 2010 应用程序，打开"汽车推广页"文档。

02 选中艺术字，打开【绘图工具】的【格式】选项卡，在【艺术字样式】组中单击【艺术字效果】按钮，从弹出的菜单中选择【发光】命令，然后在【发光变体】选项区域中选择【水绿色，11pt发光，强调文字颜色5】选项，为艺术字应用该发光效果。

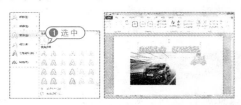

专家指点

打开【绘图工具】的【格式】选项卡，在【艺术字样式】组中单击【文本填充】按钮，可以选择使用纯色、图片或纹理填充文本；单击【文本轮廓】按钮，可以设置文本轮廓的颜色、宽度和线型。在【形状样式】组中单击【形状效果】按钮，可以为艺术字设置阴影、三维和发光等效果；单击【形状填充】按钮，可以为艺术字设置填充色；单击【形状轮廓】下拉按钮，可以为艺术字设置轮廓效果；单击【其他】按钮，可以为艺术字应用形状样式效果。

03 在【大小】组的【高度】和【宽度】微调框中分别输入"3.5 厘米"和"12 厘米",再按Enter键即完成艺术字大小的设置。

04 在快速访问工具栏中单击【保存】按钮，保存修改后的"汽车推广页"文档。

9.3 使用文本框

文本框是一种图形对象,它作为存放文本或图形的容器,可置于页面中的任何位置,并可随意地调整其大小。在 Word 2010 中,文本框用来建立特殊的文本,并且可以对其进行一些特殊的处理,如设置边框、颜色、版式格式。

9.3.1 插入内置的文本框

Word 2010 提供了 44 种内置文本框,例如简单文本框、边线型提要栏和大括号型引述等。通过插入这些内置文本框,可快速制作出优秀的文档。

【例9-7】在"汽车推广页"文档中插入"现代型引述"文本框。
📹 视频+素材 （光盘素材\第09章\例9-7)

01 启动 Word 2010 应用程序,打开"汽车推广页"文档。

02 将插入点定位在红色汽车图片下行,打开【插入】选项卡,在【文本】组中单击【文本框】下拉按钮,从弹出的列表框中选择【现代型引述】选项,将其插入到文档中。

03 切换至五笔输入法,在文本框中输入文本内容,拖动鼠标调节文本框的大小和位置。

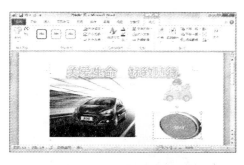

04 在快速访问工具栏中单击【保存】按钮，保存修改后的文档。

9.3.2 绘制文本框

除了可以插入内置的文本框外,在Word 2010 中还可以根据需要手动绘制横排或竖排文本框,该文本框主要用于插入图片和文本等。

【例9-8】在"汽车推广页"文档中绘制文本框。
📹 视频+素材 （光盘素材\第09章\例9-8)

01 启动 Word 2010 应用程序,打开"汽车推广页"文档。

02 打开【插入】选项卡,在【文本】组中单击【文本框】按钮,从弹出的菜单中选择【绘制横排文本框】命令。

03 将鼠标移动到合适的位置,当鼠标指针变成"十"字形时拖动鼠标指针绘制横排文本框,然后释放鼠标指针,完成绘制操作。此时,在文本框中将出现闪烁的光标。

04 切换至五笔输入法,在文本框的插入点处输入文本,并设置字体为【华文彩云】,字号为【五号】,字体颜色为【浅蓝】,字形为【加粗】。

05 再打开【插入】选项卡,在【文本】组中单击【文本框】按钮,从弹出的菜单中选择【绘制竖排文本框】命令,拖动鼠标在文档中绘制竖排文本框。

06 在文本框中输入文本,设置字体为【隶书】,字号为【小二】,字形为【加粗】,字体颜色为【红色】。

07 在快速访问工具栏中单击【保存】按钮,保存修改后的"汽车推广页"文档。

9.3.3 设置文本框格式

绘制文本框后,【绘图工具】的【格式】选项卡自动被激活,在该选项卡中可以设置文本框的各种效果。

【例9-9】在"汽车推广页"文档中设置文本框格式。

视频+素材 (光盘素材\第09章\例9-9)

01 启动 Word 2010 应用程序,打开"汽车推广页"文档。

02 选中绘制的竖排文本框,右击鼠标,从弹出的快捷菜单中选择【设置形状格式】命令,打开【设置形状格式】对话框。

03 打开【文本框】选项卡,在【自动调整】选项区域中选中【根据文字调整形状大小】复选框,此时竖排文本框将根据文本内容自动调整文本框到合适的大小。

04 打开【线条颜色】选项卡,选中【无线条】单选按钮,设置文本框无线条显示。

05 打开【填充】选项卡,选中【无填充】单选按钮,设置竖排文本框无填充色,单击【关闭】按钮,完成设置。

06 再选中横排文本框,打开【绘图工具】的【格式】选项卡,在【大小】组中的【形状高度】和【形状宽度】文本框中分别输入"1.4 厘米"和"2.5 厘米",按 Enter 键完成文本框大小的设置。

07 在【形状样式】组中单击【形状填充】按钮,从弹出的菜单中选中【无填充颜色】选项,为横排文本框应用无填充色效果。

08 在【形状样式】组中单击【形状轮廓】按钮,从弹出的菜单中选中【无轮廓】选项,为横排文本框应用无轮廓效果。

 专家指点

在【形状样式】组中单击【形状效果】按钮,可以为文本框设置发光、阴影、映像和三维等效果。

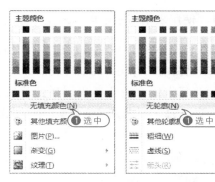

09 选中文本框,然后拖动鼠标将文本框移动至合适的位置。

10 选中插入的内置文本框,在【形状样式】组中单击【其他】按钮,从弹出的列表框中选择【强烈效果-蓝色,强调颜色 1】选项,为文本框应用该形状样式效果。

11 按 Ctrl+S 快捷键,保存设置的文档。

9.4 使用表格

为了更形象地说明问题,常常需要在文档中制作各种各样的表格。Word 2010 提供了强大的表格制作功能,可以快速地创建与编辑表格。

9.4.1 创建表格

在 Word 2010 中可以使用多种方法来创建表格,例如按照指定的行列插入表格、绘制不规则表格等。

1. 使用表格网格框创建表格

利用表格网格框可以直接在文档中插入表格，这是目前最为快捷的创建表格方法。

将光标定位在需要插入表格的位置，然后打开【插入】选项卡，在【表格】组中单击【表格】按钮，此时将弹出快捷菜单，并显示一个网格框，在其中按下左键并拖动鼠标确定要创建表格的行数和列数，然后单击鼠标左键，就可以完成一个规则表格的创建。

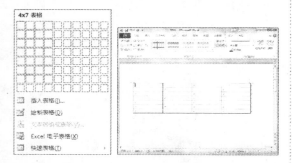

2. 使用对话框创建表格

使用【插入表格】对话框创建表格时，可以在建立表格的同时设置表格的大小。

打开【插入】选项卡，在【表格】组中单击【表格】按钮，在弹出的菜单中选择【插入表格】命令，打开【插入表格】对话框。在【列数】和【行数】微调框中可以指定表格的列数和行数，在【"自动调整"操作】选项区域中可以设置根据内容或者窗口调整表格尺寸。

3. 绘制不规则表格

很多情况下，需要创建各种栏宽、行高都不等的不规则表格，这时通过 Word 2010 中的绘制表格功能可以创建不规则的表格。

打开【插入】选项卡，在【表格】组中单击【表格】按钮，从弹出的菜单中选择【绘制表格】命令，此时鼠标光标变为【✎】形状，按住鼠标左键不放并拖动鼠标，会出现一个表格的虚框，待达到合适大小后，释放鼠标即可生成表格的边框。

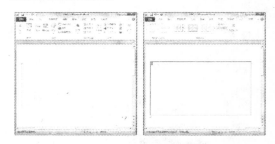

在表格边框的任意位置用鼠标单击选择一个起点，按住鼠标左键不放并向右（或向下）拖动可绘制出表格中的横线（或竖线）。

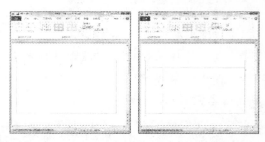

> **注意事项**
>
> 如果在绘制表格过程中出现了错误，打开【表格工具】的【设计】选项卡，在【绘图边框】组中单击【擦除】按钮，待鼠标指针将变成橡皮形状时单击要删除的表格线段，然后按照线段的方向拖动鼠标，则该线段呈高亮显示，松开鼠标该线段将被删除。

4. 快速插入表格

为了快速制作出美观的表格，Word

2010 提供了许多内置表格,使用它们可以快速地插入内置表格。方法如下:打开【插入】选项卡,在【表格】组中单击【表格】按钮,在弹出的菜单中选择【快速表格】命令的子命令即可。

专家指点

在 Word 2010 中还可以插入 Excel 工作表,方法如下:打开【插入】选项卡,在【表格】组中单击【表格】按钮,在弹出的菜单中选择【Excel 电子表格】命令即可。

【例9-10】在"汽车推广页"文档中插入 8×4 的表格,并在其中输入文本。
视频+素材 (光盘素材\第 09 章\例 9-10)

01 启动 Word 2010 应用程序,打开"汽车推广页"文档。

02 将插入点定位到红色汽车图片下一行,打开【插入】选项卡,在【表格】组中单击【表格】按钮,在弹出的菜单中选择【插入表格】命令,打开【插入表格】对话框。

03 在【列数】和【行数】文本框中分别输入数值 8 和 4,然后选中【固定列宽】单选按钮,在其后的文本框中选择【自动】选项。

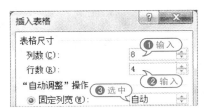

04 单击【确定】按钮关闭对话框,此时在文档中将插入一个 8×4 的规则表格。

05 此时插入点定位到第 1 个单元格中,切换至五笔输入法,输入文本"东风标致 308"。

06 使用同样的方法,依次在单元格中输入其他文本内容。

注意事项

在表格中,按 Tab 键将定位到下一个单元格,继续输入文本。

07 在快速访问工具栏中单击【保存】按钮,保存文档。

9.4.2 编辑表格

表格创建完成后还需要对其进行编辑操作,以满足用户的不同需要。

【例9-11】在"汽车推广页"文档中合并单元格,调整表格的行高和列宽。
视频+素材 (光盘素材\第 09 章\例 9-11)

01 启动 Word 2010 应用程序,打开"汽车推广页"文档。

02 移动鼠标到表格左边的第 1 行选择区,变成箭头时单击鼠标,选中表格第 1 行。

03 打开【表格工具】的【布局】选项卡,在【合并】组中单击【合并单元格】按钮,合并第

1 行的所有单元格。

04 使用同样的方法合并其他单元格。

05 插入点定位在第 1 行后，在【单元格大小】组中单击对话框启动器，打开【表格属性】对话框的【行】选项卡，在【尺寸】选项区域中选中【指定高度】复选框，在其后的微调框中输入"0.8 厘米"，在【行高值是】下拉列表框中选择【固定值】选项，单击【确定】按钮，完成行高的设置。

06 选定表格的第 2～4 行，在【单元格大小】组中单击【自动调整】按钮，从弹出的菜单中选择【根据内容自动调整表格】命令，即可自动调整单元格的行高和列宽。

07 按 Ctrl＋S 快捷键，保存修改后的文档。

9.4.3 设置表格外观

在制作表格时，用户可以通过功能区的操作命令对表格进行设置，例如设置表格边框和底纹、设置表格的对齐方式等，使表格结构更为合理，外观更为美观。

> 【例 9-12】在"汽车推广页"文档中设置单元格的对齐方式以及表格的边框和底纹。
> 📹 视频·素材（光盘素材\第 09 章\例 9-12）

01 启动 Word 2010 应用程序，打开"汽车推广页"文档。

02 选定整个表格，打开【表格工具】的【布局】选项卡，在【对齐方式】组中单击【中部居中】按钮，设置表格文本居中对齐。

03 打开【表格工具】的【设计】选项卡，在【表格样式】组中单击【其他】按钮，在打开的表格样式列表中选择第 4 行第 4 列样式，为表格应用该样式。

04 选定表格，在【表格工具】的【设计】选项卡的【表格样式】组中单击【边框】按钮，从弹

出的菜单中选择【边框和底纹】选项,打开【边框和底纹】对话框。

05 打开【边框】选项卡,在【样式】选项区域中选择一种线型;在【颜色】下拉列表框中选择【橄榄色,强调文字颜色 3】色块;在【预览】选项区域中分别单击两次【上框线】和【下框线】按钮,单击一次【内部横框线】按钮。

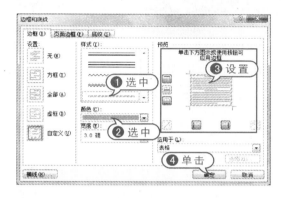

06 单击【确定】按钮完成边框的设置,此时

将为表格应用自定义边框颜色。

07 将插入点定位在表格中,打开【表格工具】的【布局】选项卡,在【表】组中单击【查看网格线】按钮,此时将在表格中显示网格边框。

08 在快速访问工具栏中单击【保存】按钮,保存"汽车推广页"文档。

9.5 使用 SmartArt 图形

Word 2010 提供了 SmartArt 图形功能,用来说明各种概念性的内容。使用该功能,可以轻松地制作各种流程图,如层次结构图、矩阵图、关系图等,从而使文档更加形象生动。

9.5.1 插入 SmartArt 图形

SmartArt 图形用于在文档中演示流程、层次结构、循环和关系等。打开【插入】选项卡,在【插图】组中单击 SmartArt 按钮,打开【选择 SmartArt 图形】对话框,在右侧的列表框中选择合适的类型即可。

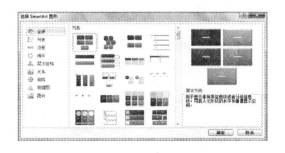

【例 9-13】在"汽车推广页"文档中插入 SmartArt 图形。
视频+素材(光盘素材\第 09 章\例 9-13)

01 启动 Word 2010 应用程序,打开"汽车推广页"文档。

02 将插入点定位在表格下一行,打开【插入】选项卡,在【插图】组中单击 SmartArt 按钮,打开【选择 SmartArt 图形】对话框。

03 在左侧的列表框中打开【层次结构】选项卡,在右侧的列表框中选择【水平多层层次结构】选项。

04 单击【确定】按钮,将在插入点处插入 SmartArt 图形。

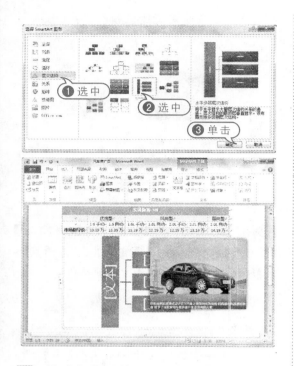

05 拖动鼠标调节 SmartArt 图形的大小，在【文本】处单击鼠标，并输入文字。

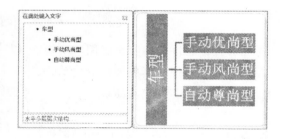

06 按 Ctrl＋S 快捷键，保存插入 SmartArt 图形后的文档。

专家指点

插入 SmartArt 图形时，有时会打开【在此次键入文字】窗格，它是 SmartArt 图形中信息的大纲表示形式，可以在其中创建和编辑 SmartArt 图形的文本内容。按 Ctrl＋Shift＋F2 组合键，可以快速打开【在此次键入文字】窗格。

9.5.2　添加 SmartArt 形状

插入 SmartArt 图形后，如果预设的形状不能满足用户的需求，这时则需要用户手动添加形状，以满足自己的实际需求。

【例 9-14】在"汽车推广页"文档中为 SmartArt 图形添加形状。
📹 视频+素材（光盘素材\第 09 章\例 9-14）

01 启动 Word 2010 应用程序，打开"汽车推广页"文档。

02 将插入点定位在文本"手动优尚型"中，打开【SmartArt 工具】的【设计】选项卡，在【创建图形】组中单击【添加形状】按钮，从弹出的菜单中选择【在后面添加形状】选项。

03 此时，即可在选中的形状后面添加一个同样的形状。

04 选取添加的形状，输入文本"自动优尚型"。

05 使用同样的方法添加 SmartArt 形状，并输入文本。

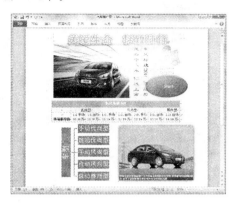

06 按 Ctrl＋S 快捷键，快速保存文档。

9.5.3 设置 SmartArt 图形格式

插入 SmartArt 图形后，用户还可以更改 SmartArt 图形的形状、文本的填充色以及三维效果。其中，三维效果中包括阴影、反射、发光、棱台或旋转等效果。

分别打开【SmartArt 工具】的【设计】和【格式】选项卡，单击相应按钮即可为插入的 SmartArt 图形进行格式的设置。

【例 9-15】在"汽车推广页"文档中设置 Smart-Art 图形格式。
📀 视频+素材（光盘素材\第 09 章\例 9-15）

01 启动 Word 2010 应用程序，打开"汽车推广页"文档。

02 选中 SmartArt 图形，打开【SmartArt 工具】的【设计】选项卡，在【SmartArt 样式】组中单击【更改颜色】按钮，从弹出的列表框中选择【彩色范围-强调文字颜色 4 至 5】选项，为图形应用彩色效果。

03 在【SmartArt 样式】组中单击【其他】按钮，从弹出的样式列表框中选择【优雅】选项，为图形应用三维效果。

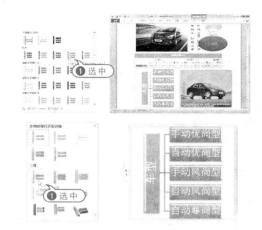

04 选中"车型"形状，打开【SmartArt 工具】的【格式】选项卡，在【艺术字样式】组中单击【其他】按钮，从弹出的艺术字样式列表框中选择【浅色 1 轮廓，彩色填充-橄榄色，强调颜色 3】艺术字样式，快速为"车型"形状中的艺术字应用该样式。

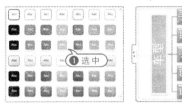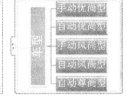

05 选中 SmartArt 图形，右击鼠标，从弹出的快捷菜单中选择【设置对象格式】选项，打开【设置形状格式】对话框。

06 打开【填充】选项卡，选中【渐变填充】单选按钮，单击【预设颜色】下拉按钮，从弹出的下拉列表框中选择【茵茵绿原】选项。

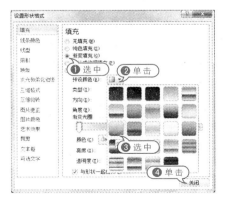

07 单击【关闭】按钮,查看 SmartArt 图形应用的背景色。

08 在快速访问工具栏中单击【保存】按钮 ,保存设置后的文档。

> **注意事项**
>
> 打开【SmartArt 工具】的【设计】选项卡,在【重置】组中单击【重设图形】按钮,将放弃对 SmartArt 图形所作的全部格式的更改,恢复至原始设置。

9.6 使用自选图形

Word 2010 提供了一套可用的自选图形,包括直线、箭头、流程图、星与旗帜、标注等。在文档中,用户可以使用这些图形添加一个形状,或合并多个形状生成一个绘图或一个更为复杂的形状。

9.6.1 绘制自选图形

在编辑文档时,往往需要绘制各种各样的形状以增添文章的说服力。使用 Word 2010 提供的自选图形,可以方便地插入形状,制作各种图形及标志。在 Word 2010 中,通过【插图】组或【插入形状】组可以在文档中绘制多种自选图形。

> 【例 9-16】在"汽车推广页"文档中绘制【上凸带形】图形,并在其中添加文本。
>
> 🎬 视频·素材(光盘素材\第 09 章\例 9-16)

01 启动 Word 2010 应用程序,打开"汽车推广页"文档。

02 打开【插入】选项卡,在【插图】组中单击【形状】下拉按钮,从弹出的菜单的【星与旗帜】选项区域中单击【上凸带形】按钮。

03 将鼠标指针移至文档中,按住鼠标左键拖动鼠标绘制自选图形。

> **注意事项**
>
> 要绘制正方形或椭圆,要先选择【矩形】或【椭圆】选项,然后在按住 Shift 键的同时拖曳鼠标进行绘制即可。

04 选中自选图形,右击鼠标,从弹出的快捷菜单中选择【添加文字】命令,此时即可在自选图形的插入点处输入文字。

> **专家指点**
>
> 插入自选图形后可以调整其位置,一般使用鼠标直接拖动图形到目标位置即可,还可以使用键盘中方向键对其位置进行微调。

05 在快速访问工具栏中单击【保存】按钮 ,保存修改后的文档。

9.6.2 设置自选图形格式

为了使自选图形与文档内容更加协调，可以对其格式进行相关设置，如调整形状大小、设置形状的填充颜色、调整形状的样式、设置阴影和三维效果等。

【例9-17】在"汽车推广页"文档中设置【上凸带形】图形的格式。

视频+素材 （光盘素材\第09章\例9-17）

01 启动 Word 2010 应用程序，打开"汽车推广页"文档。

02 打开【绘图工具】的【格式】选项卡，在【形状样式】组中单击【其他】按钮 ，从弹出的列表框中选择第2行第4列中的样式，为自选图形应用该形状样式。

03 在【形状样式】组中单击【形状效果】按钮，从弹出的菜单中选择【映像】命令，在【映像变体】的列表框中选择【紧密映像，4pt 偏移量】选项，为自选图形应用该映像效果。

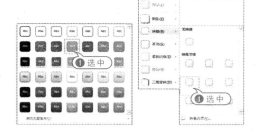

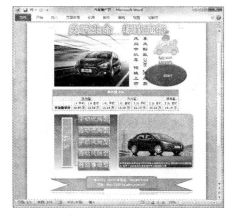

04 在快速访问工具栏中单击【保存】按钮 ，即可保存修改后的文档。

9.7 使用图表

Word 2010 提供了建立图表的功能，用来组织和显示信息。与文字数据相比，图表更加直观、生动、形象，因此在文档中适当加入图表可使文本更容易使人理解。

9.7.1 插入图表

Word 2010 为用户提供了大量预设的图表，使用它们可以快速地创建用户所需的图表。

【例9-18】新建"公司广告业绩统计"文档，在其中插入图表。

视频+素材 （光盘素材\第09章\例9-18）

01 启动 Word 2010 应用程序，新建一个名为"公司广告业绩统计"的文档。

02 切换至五笔输入法，然后在文档中输入表格标题"2012年第一季度业绩统计图"，并设置字体为【隶书】，字号为【小二】，字形为【加粗】，字体颜色为【深蓝，文字 2】，对齐方式为【居中对齐】。

03 将插入点定位到下一行，打开【插入】选项卡，在【插图】组中单击【图表】按钮，打开【插入图表】对话框，再在其右侧的列表框中选择【簇状柱形图】选项，单击【确定】按钮。

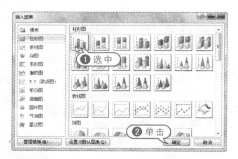

04 此时即可将图表插入文档中，系统自动启动 Excel 2010 应用程序，并打开数据编辑窗口。

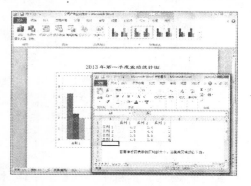

05 在 Excel 2010 数据编辑窗口中输入表格数据后单击【关闭】按钮，完成图表的创建。

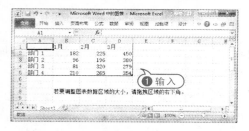

专家指点

在编辑 Excel 数据表时，可以先在 Word 文档中插入表格和输入数据，然后将 Word 文档表格中的数据全部复制粘贴至 Excel 表中的蓝色方框内，并拖动蓝色方框的外框，使其大小和表格中的数据范围一致。

06 在快速访问工具栏中单击【保存】按钮 💾，即可保存文档。

9.7.2 编辑图表

插入图表后，分别打开【图表工具】的【设计】、【布局】和【格式】选项卡，通过功能区的操作命令可以设置相应的图表的样式、布局以及格式等，从而使插入的图表更为直观。

【例 9-19】在"公司广告业绩统计"文档中编辑图表。

📀 视频+素材 （光盘素材\第 09 章\例 9-19）

01 启动 Word 2010 应用程序，打开"公司广告业绩统计"文档。

02 选定图表，打开【图表工具】的【布局】选项卡，在【标签】组中单击【图表标题】按钮，从弹出的菜单中选择【居中覆盖标题】选项。

03 此时，在图表中央位置插入一个横排标题文本框，切换至五笔输入法，在其中输入图表标题。

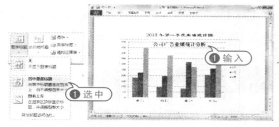

04 在【标签】组中单击【坐标轴标题】按钮，从弹出的菜单中选择【主要纵坐标轴标题】|【旋转过的标题】命令，即可在纵坐标轴左侧插入竖排文本框。

05 使用同样的方法，在纵坐标轴左侧的竖排文本框中输入文本。

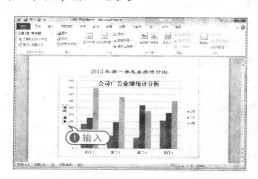

06 打开【图表工具】的【设计】选项卡，在【图表样式】组中单击【其他】按钮，在弹出的列表框中选择一种图表样式。

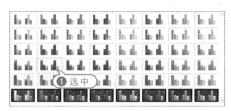

07 此时，自动为图表应用【样式26】图表样式。

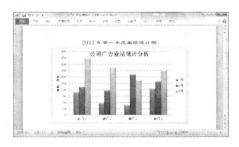

08 选中绘图区，打开【图表工具】的【格式】选项卡，在【形状样式】组中单击【其他】按钮，从弹出的样式列表框中选择【细微效果-紫色，强调颜色4】样式，为图表中的标题应用该背景色。

09 使用同样的方法，为图表区应用【细微效果-紫色，强调颜色4】样式。

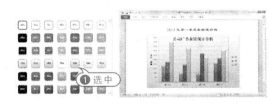

10 在【艺术字样式】组中单击【快速样式】按钮，从弹出的列表框中选择【渐变填充-紫色，强调文字颜色4，映像】样式，为图表中的文字应用该艺术字样式。

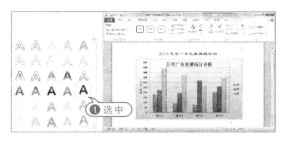

11 选中标题文本框，在【艺术字样式】组中单击【文本填充】按钮，从弹出的颜色列表框中选择【水绿色，强调文字颜色5】色块，设置图表标题艺术字的填充色。

12 单击【文本轮廓】按钮，从弹出的颜色列表框中选择【水绿色，强调文字颜色5】色块，设置图表标题艺术字的轮廓。

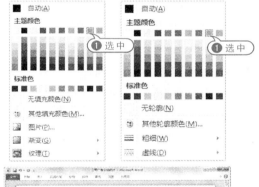

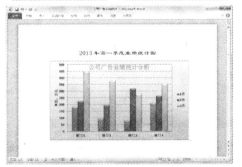

13 在快速访问工具栏中单击【保存】按钮，保存设置后的文档。

9.8 实战演练

本章的实战演练部分包括制作公司访客登记表和制作商品抵用券综合实例操作，用户可通过练习从而巩固本章所学知识。

9.8.1 制作公司访客登记表

【例9-20】制作"公司访客登记表"文档,在其中插入和编辑表格。

视频+素材 (光盘素材\第09章\例9-20)

01 启动 Word 2010 应用程序,新建一个空白文档,将其以"公司访客登记表"为名保存。

02 在文档中输入表格标题"访客登记表",选中该标题,在浮动工具栏的【字体】下拉列表框中选择【黑体】选项,在【字号】下拉列表框中选择【四号】选项,单击【字体颜色】按钮,从弹出的颜色面板中选择【深蓝,文字2】色块,并单击【居中】按钮。

03 将插入点定位在标题下方,打开【插入】选项卡,在【表格】组中单击【表格】按钮,在弹出的菜单中选择【插入表格】命令,将打开【插入表格】对话框。

04 在【列数】和【行数】微调框中分别输入5和16,单击【确定】按钮,即可插入16×5的规则表格。

05 将插入点定位在第2行第1个单元格内,打开【表格工具】的【布局】选项卡,在【合并】组中单击【拆分单元格】按钮,打开【拆分单元格】对话框。

06 在【列数】和【行数】微调框中分别输入2和1,单击【确定】按钮,快速拆分单元格;再使用同样的方法,拆分其他单元格。

07 选中要合并的单元格,在【合并】组中单击【合并单元格】按钮,合并单元格。

08 在表格中输入文本,然后选取整个表格,打开【表格工具】的【布局】选项卡,在【对齐方式】组中单击【中部居中】按钮,将对齐方式设置成中部居中。

09 在【单元格大小】组中单击【自动调整】按钮,在弹出的菜单中选择【根据内容自动调整表格】命令,自动调整列宽。

10 将插入点定位在表格内,打开【表格工具】的【设计】选项卡,在【表格样式】组中单击【其他】按钮,在弹出的列表框中选择【浅色列表-强调文字颜色1】样式,为表格快速应用该样式。

11 将插入点定位在表格内,在【表格样式】组中单击【其他】按钮,在弹出的菜单中选择【修改表格样式】命令,打开【修改样式】对话框。

12 在【字号】下拉列表框中选择【小五】选项,单击【靠上端对齐】下拉按钮,在弹出的列表框中单击【中部居中】按钮。

13 单击【格式】按钮,在弹出的菜单中选择【边框和底纹】命令,打开【边框和底纹】对话框。

14 打开【底纹】选项卡,在【填充】选项区域的【填充】下拉列表框中选择【白色,背景 1】选项,在【图案】选项区域的【样式】下拉列表框中选择【清除】选项,单击【确定】按钮,完成底纹的设置。

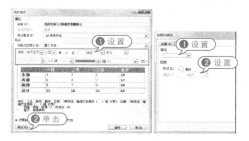

15 设置表格第 1 行中的文字颜色为【深蓝,文字 2】,并设置整个表格居中对齐。

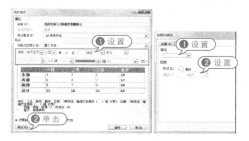

16 在快速访问工具栏中单击【保存】按钮,保存"公司访客登记表"文档。

9.8.2 制作商品抵用券

【例 9-21】制作"商品抵用券"文档,在其中插入图片、艺术字和文本框等。
视频+素材（光盘素材\第 09 章\例 9-21）

01 启动 Word 2010 应用程序,新建一个名为"商品抵用券"的文档。

02 打开【插入】选项卡,在【插图】组中单击【形状】按钮,从弹出菜单的【矩形】选项区域中单击【圆角矩形】按钮□,将鼠标指针移至文档中,待鼠标指针变为"十"字形时拖动鼠标绘制圆角矩形。

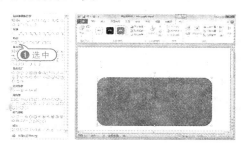

03 打开【绘图工具】的【格式】选项卡,在【形状样式】组中单击【形状填充】按钮,从弹出的快捷菜单中选择【图片】命令。

04 打开【插入图片】对话框,选择需要的图片后单击【插入】按钮,将选中的图片填充到圆角矩形中。

05 将插入点定位到文档开始处,打开【插入】选项卡,在【插图】组中单击【图片】按钮,打开【插入图片】对话框。

06 选择一张图片后单击【插入】按钮,将图片插入到文档中。

07 选中图片,打开【图片工具】的【格式】选项卡,在【排列】组中单击【自动换行】按钮,从弹出的快捷菜单中选择【浮于文字上方】选项,设置图片的环绕方式,然后拖动鼠标调节图片的大小和位置。

08 打开【插入】选项卡,在【文本】组中单击【艺术字】按钮,从弹出的列表框中选择【填充-

蓝色,强调文字颜色 1,金属棱台,映像】样式,在文档按所设置的填充样式插入艺术字。

09 输入艺术字文本后,拖动鼠标将艺术字移动至合适的位置。

10 使用同样的方法插入另一行艺术字,并将其移动到合适的位置。

11 打开【插入】选项卡,在【文本】组中单击【文本框】按钮,从弹出的快捷菜单中选择【绘制文本框】命令,拖动鼠标在圆角矩形内绘制横排文本框。

12 在文本框中输入文本内容,设置文本字体为【黑体】,字形为【加粗】。

13 右击选中的文本框,从弹出的快捷菜单中选择【设置形状格式】命令,打开【设置形状格式】对话框的【填充】选项卡,选中【无填充】单选按钮。

14 打开【线条颜色】选项卡,选中【无线条】单选按钮,然后单击【关闭】按钮,完成设置。

15 打开【插入】选项卡,在【文本】组中单击【文本框】按钮,从弹出的快捷菜单中选择【绘制竖排文本框】命令,拖动鼠标在圆角矩形内绘制竖排文本框。

16 在文本框中输入文本内容,并设置文本字体为【隶书】,颜色为【红色】,无填充色和无线条颜色。

17 在快速访问工具栏中单击【保存】按钮,保存"商品抵用券"文档。

9.9 专家答疑

一问一答

问:如何删除所插入图片的背景?

答:使用 Word 2010 新增的删除背景功能,可快速去除图片的背景部分。选中图片,打开【图片工具】的【格式】选项卡,在【调整】组中单击【删除背景】按钮,在图片中向右下角拖动左上角的手柄,调整保留区域,在【背景消除】选项卡的【关闭】组中单击【保留更改】按钮。

第10章

文档的页面设置与打印

　　字符和段落文本只能影响页面的局部外观，影响文档外观的另一个重要因素是它的页面设置，如设置页面大小、页眉页脚版式和页眉背景等。另外，Word 2010 提供了非常强大的打印功能，可以很轻松地按要求将文档打印出来。

参见随书光盘

10.1 页面设置

在编辑文档的过程中，为了使文档页面更加美观，用户可以根据需求对文档的页面进行布局，如设置页面大小、设置文档网格、设置信纸页面等，从而制作出一个要求较为严格的文档版面。

10.1.1 设置页面大小

文档的页面大小的设置实际上就是页边距、纸张方向和纸张大小的设置。

【例10-1】新建"明信片"文档，设置页边距、纸张方向和纸张大小。
视频+素材（光盘素材\第10章\例10-1）

01 启动 Word 2010 应用程序，新建一个空白文档，将其命名为"明信片"。

02 打开【页面布局】选项卡，在【页面设置】组中单击【页边距】按钮，从弹出的菜单中选择【自定义边框】命令，打开【页面设置】对话框。

03 打开【页边距】选项卡，在【纸张方向】选项区域中选择【横向】选项；在【页边距】的【上】、【下】、【右】微调框中输入"3厘米"，在【左】微调框中输入"2厘米"；在【装订线位置】下拉列表框中选择【左】选项，在【装订线】微调框中输入"1厘米"。

04 打开【纸张】选项卡，在【纸张大小】下拉列表框中选择【自定义大小】选项，在【宽度】和【高度】微调框中分别输入"25厘米"和"14厘米"，单击【确定】按钮完成设置。

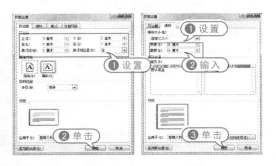

05 此时即可为"明信片"文档重新设置纸张大小。

专家指点

在【纸张大小】下拉列表框中列出了多种内置纸张样式，可以直接选择内置的样式。

注意事项

页边距不能太窄或太宽，一般 A4 纸张采用 Word 默认值；B5 或 16 开纸张适合上、下边距为 2.4 厘米，左、右边距为 2 厘米。

10.1.2 设置文档网格

文档网格用于设置文档中文字排列的方向、每页的行数、每行的字数等内容。

【例10-2】在"明信片"文档中设置文档网格。
视频+素材（光盘素材\第10章\例10-2）

01 启动 Word 2010 应用程序，打开"明信片"文档。

02 打开【页面布局】选项卡，单击【页面设置】对话框启动器，打开【页面设置】对话框。

03 打开【文档网格】选项卡，在【文字排列】的【方向】选项区域中选中【水平】单选按钮，在【网格】选项区域中选中【指定行和字符网格】单选按钮,在【字符数】的【每行】微调框中输入"26",在【行数】的【每页】微调框中输入"10",单击【确定】按钮,完成设置。

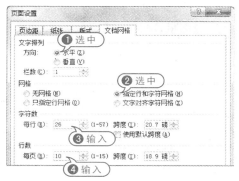

04 在快速访问工具栏中单击【保存】按钮 📀,保存"明信片"文档。

10.1.3 设置信纸页面

Word 2010 提供了稿纸设置的功能,使用该功能可以快速地为用户创建方格式、行线式和外框式的信纸页面。

【例 10-3】新建一个"稿纸"文档,在其中创建方格式信纸页面。
🎬 视频+素材 (光盘素材\第 10 章\例 10-3)

01 启动 Word 2010 应用程序,新建一个空白文档,将其命名为"稿纸"。

02 打开【页面布局】选项卡,在【稿纸】组中单击【稿纸设置】按钮,打开【稿纸设置】对话框。

03 在【格式】下拉列表框中选择【方格式稿纸】选项,在【行数×列数】下拉列表框中选择【20×25】选项,在【网格颜色】下拉面板中选择【红色】选项。

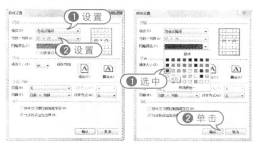

🔆 **专家指点**

打开【稿纸】对话框,在【网格】选项区域中选中【对折装订】复选框,可以将整张稿纸分为两半装订;在【纸张大小】下拉列表框中可以选择纸张大小;在【纸张方向】选项区域中可以设置纸张的方向。

04 单击【确定】按钮,此时即可进行稿纸转换,并显示转换进度条。

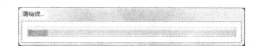

05 稍等片刻,即可显示所设置的稿纸格式,此时稿纸颜色显示为红色。

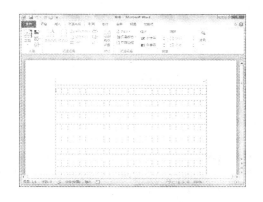

✏ 10.2 设计页眉和页脚

页眉和页脚是文档中每个页面的顶部、底部和两侧页边距(即页面上打印区域之外的空白空间)中的区域。页眉和页脚通常用于显示文档的附加信息,例如页码、时间和日期、作者名称、单位名称、徽标或章节名称等内容。在 Word 2010 文档中,可以为奇、偶页设计不同的页眉和页脚。

10.2.1 为首页创建页眉和页脚

通常情况下,在书籍的章首页需要创建独特的页眉和页脚。而 Word 2010 提供了插入封面功能,用于说明文档的主要内容和特点。

【例 10-4】为"行政人事管理制度"文档添加封面,并在封面中创建页眉和页脚。
🎬 视频+素材 (光盘素材\第 10 章\例 10-4)

01 启动 Word 2010 应用程序,打开"行政人事管理制度"文档,然后打开【审阅】选项卡,在【修订】组中单击【显示标记】按钮,从弹出的菜单中取消选中【批注】命令,隐藏文档中的批注文本框。

02 打开【插入】选项卡,在【页】组中单击【封面】按钮,在弹出的列表框中选择【小室型】选项,此时即可在文档中插入基于该样式的封面了。

03 切换至五笔输入法,在封面页的占位符中根据提示修改或添加文字。

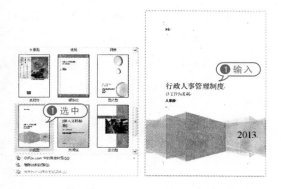

专家指点

封面决定了文档给人的第一印象,因此制作必须美观。封面主要包括标题、副标题、编写时间、编著者及公司名称等信息。

04 打开【插入】选项卡,在【页眉和页脚】组

中单击【页眉】按钮,在弹出的列表框中选择【新闻纸】选项,即可在页眉处插入该页眉样式,且不需输入页眉文本。

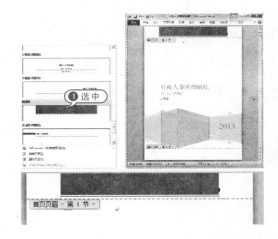

05 打开【插入】选项卡,在【页眉和页脚】组中单击【页脚】按钮,在弹出的列表框中选择【新闻纸】选项,即可在页脚处插入该样式的页脚。

06 此时进入页脚编辑状态,在页脚输入文字,并删除首页页码文本框。

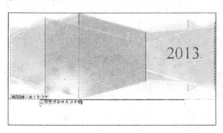

07 选中页眉段落标记符,打开【开始】选项卡,在【段落】组中单击【下框线】按钮 ,在弹出的菜单中选择【无框线】命令,将隐藏首页页眉的边框线。

08 打开【页眉和页脚】工具栏中的【设计】选项卡,在【关闭】组中单击【关闭页眉和页脚】按钮,完成页眉和页脚的添加。

09 在快速访问工具栏中单击【保存】按钮 ,保存"行政人事管理制度"文档。

10.2.2 为奇、偶页创建页眉和页脚

书籍中奇、偶页的页眉和页脚通常是不同的。在 Word 2010 中,可以为文档中的奇、偶页设计不同的页眉和页脚。

【例 10-5】在"行政人事管理制度"文档中为奇、偶页创建不同的页眉。
📹 视频+素材(光盘素材\第 10 章\例 10-5)

01 启动 Word 2010 应用程序,打开"行政人事管理制度"文档。

02 将插入点定位在文档正文第 1 页,打开【插入】选项卡,在【页眉和页脚】组中单击【页眉】按钮,从弹出的菜单中选择【编辑页眉】命令,进入页眉和页脚编辑状态。

03 自动打开【页眉和页脚工具】的【设计】选项卡,在【选项】组中选中【奇偶页不同】复选框。

04 在奇数页的页眉区选中段落标记符,然后打开【开始】选项卡,在【段落】组中单击【下框线】按钮 ,从弹出的菜单中选择【无框线】命令,隐藏奇数页页眉的边框线。

05 将插入点定位在奇数页的页眉文本编辑区,切换至五笔输入法,输入文字"公司管理制度查询手册",并设置文字字体为【华文行楷】,字号为【小三】,字体颜色为【蓝色】,单击【下划线】按钮。

06 将插入点定位在文本右侧,打开【插入】选项卡,在【插图】组中单击【图片】按钮,打开【插入图片】对话框,选择图片后单击【确定】按钮,插入该图片。

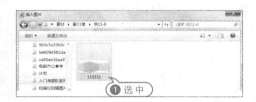

07 打开【图片工具】的【格式】选项卡,在【排列】选项区域中单击【自动换行】按钮,从弹出的菜单中选择【浮于文字上方】选项,设置图片的环绕方式,并且调整图片至合适的大小和位置。

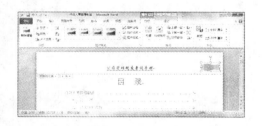

08 使用同样的方法设置偶数页页眉。

09 打开【页眉和页脚工具】的【设计】选项卡,在【关闭】组中单击【关闭页眉和页脚】按钮,退出页眉和页脚的编辑状态,查看为奇、偶页创建的页眉。

专家指点

打开【插入】选项卡,在【页眉和页脚】组中单击【页脚】按钮,从弹出的菜单中选择【编辑页脚】选项,进入页眉和页脚编辑状态,在其中可编辑和设置页脚文本。在【页脚】下拉列表框中同样提供了内置的页脚样式,选择需要的样式即可快速地插入该样式的页脚。

10 在快速访问工具栏中单击【保存】按钮,保存"行政人事管理制度"文档。

10.3 插入和设置页码

所谓的页码,就是书籍每一页面上标明次序的号码或其他数字,用于统计书籍的面数,以便于读者的阅读和检索。页码一般都被添加在页眉或页脚中,但也不排除其他特殊情况,将页码添加到其他位置。

10.3.1 插入页码

要插入页码,可以打开【插入】选项卡,在【页眉和页脚】组中单击【页码】按钮,从弹出的菜单中选择页码的位置和样式。

【例10-6】在"行政人事管理制度"文档中插入页码。
📹 视频+素材 (光盘素材\第10章\例10-6)

01 启动 Word 2010 应用程序,打开"行政人事管理制度"文档。

02 打开【插入】选项卡,在【页眉和页脚】组中单击【页码】按钮,在弹出的菜单中选择【页面底端】命令,在【带有多种形状】列表框中选择【方型3】选项。

03 此时,在奇数页面底端右侧将插入具有方框样式的页码。

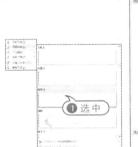

04 将插入点定位在偶数页,使用同样的方法在页面底端左侧插入【方型3】样式的页码。

05 打开【页眉和页脚工具】的【设计】选项卡,在【关闭】组中单击【关闭页眉和页脚】按钮,退出页码编辑状态。

06 返回至文档编辑窗口,查看页码的整体效果。

07 在快速访问工具栏中单击【保存】按钮,保存插入页码后的文档。

10.3.2 设置页码格式

在文档中,如果需要使用不同于默认格式的页码,如 i 或 a 等,就需要对页码的格式进行设置。

打开【插入】选项卡,在【页眉和页脚】组中单击【页码】按钮,从弹出的菜单中选择【设置页码格式】命令,打开【页码格式】对话框,在该对话框中进行页码的格式化设置。

【例10-7】在"行政人事管理制度"文档中设置页码的格式。
📹 视频+素材 (光盘素材\第10章\例10-7)

01 启动 Word 2010 应用程序,打开"行政人事管理制度"文档。

02 在任意页码的页眉或页脚处双击,使文档进入页眉和页脚编辑状态。

03 打开【页眉和页脚工具】的【设计】选项卡,在【页眉和页脚】组中单击【页码】按钮,从弹出的菜单中选择【设置页码格式】命令,打开【页码格式】对话框。

04 在【编号格式】下拉列表框中选择【- 1 -,- 2 -,- 3 -,…】选项,并保持选中【起始页码】单选按钮,在其后的文本框中输入"- 1 -"。

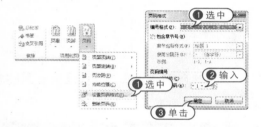

05 单击【确定】按钮,完成页码的编码样式的设置。

06 选中奇数页的页码框,打开【绘图工具】的【格式】选项卡,在【形状样式】组中单击【其他】按钮,从弹出的列表框中选择【彩色填充-蓝色,强调颜色1】选项,为页码方框填充颜色。

07 使用鼠标拖动法调节页码框的位置。

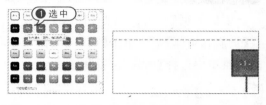

08 使用同样的方法设置偶数页页码框的形状样式。

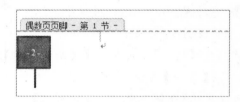

09 打开【页眉和页脚工具】的【设计】选项卡,在【关闭】组中单击【关闭页眉和页脚】按钮,即可退出页眉和页脚编辑状态,查看为奇、偶页设置的页码格式。

10 在快速访问工具栏中单击【保存】按钮,保存"行政人事管理制度"文档。

✎ 10.4　设置页面背景

　　为文档添加上丰富多彩的背景,可以使文档更加的生动和美观。在 Word 2010 中,不仅可以为文档添加页面颜色和图片背景,还可以制作出水印背景效果。

10.4.1　使用纯色背景

　　Word 2010 提供了 70 多种内置颜色,可以选择这些颜色作为文档背景,也可以自定义其他颜色作为背景。

　　要为文档设置背景颜色,可以打开【页面布局】选项卡,在【页面背景】选项组中单击【页面颜色】按钮,打开【页面颜色】子菜单,在【主题颜色】和【标准色】选项区域中单击其中的任何一个色块,都可以把选择的颜色作为背景。

如果对系统提供的颜色不满意,用户还可以选择【其他颜色】命令,打开【颜色】对话框,在【标准】选项卡中选择六边形中的任意色块,即可将选中的颜色作为文档页面背景。

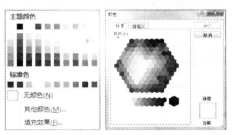

另外,还可以通过打开【自定义】选项卡,拖动鼠标光标在【颜色】选项区域中选择所需的背景色,或者在【颜色模式】选项区域中通过设置具体数值来选择颜色。

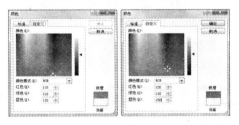

【例10-8】在"明信片"文档中设置纯色背景。
🎬 视频+素材（光盘素材\第10章\例10-8）

01 启动 Word 2010 应用程序,打开【例10-2】创建的"明信片"文档。

02 打开【页面布局】选项卡,在【页面背景】组中单击【页面颜色】按钮,从弹出的快捷菜单中选择【其他颜色】命令,打开【颜色】对话框。

03 打开【自定义】选项卡,在【颜色模式】下拉列表框中选择【RGB】选项,在【红色】、【绿色】、【蓝色】微调框中分别输入"25"、"158"、"48",单击【确定】按钮,完成设置。

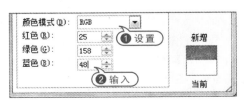

04 按 Ctrl+S 快捷键,保存设置背景颜色后的"明信片"文档。

10.4.2 设置背景填充效果

使用一种颜色(即纯色)作为背景色,对于一些 Web 页面而言显得过于单调乏味。为此,Word 2010 还提供了其他多种文档背景填充效果,例如渐变背景效果、纹理背景效果、图案背景效果及图片背景效果等。

要设置背景填充效果,可以打开【页面布局】选项卡,在【页面背景】组中单击【页面颜色】按钮,从弹出的菜单中选择【填充效果】命令,打开【填充效果】对话框,其中包括以下 4 个选项卡。

▶【渐变】选项卡:可以通过选中【单色】或【双色】单选按钮来创建不同类型的渐变效果,在【底纹样式】选项区域中可选择渐变的样式。

▶【纹理】选项卡:可以在【纹理】选项区域中选择一种纹理作为文档页面的背景,单击【其他纹理】按钮,可以添加自定义的纹理作为文档的页面背景。

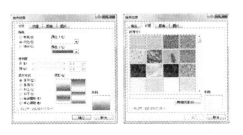

▶【图案】选项卡：可以在【图案】选项区域中选择一种基准图案，并在【前景】和【背景】下拉列表框中选择图案的前景和背景颜色。

▶【图片】选项卡：单击【选择图片】按钮，可从打开的【选择图片】对话框中选择一张图片作为文档的背景。

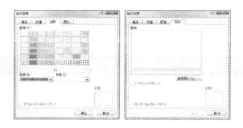

【例10-9】在"明信片"文档中设置图片填充背景。
📀视频+素材（光盘素材\第10章\例10-9）

01 启动 Word 2010 应用程序，打开【例10-2】创建的"明信片"文档。

02 打开【页面布局】选项卡，在【页面背景】组中单击【页面颜色】按钮，从弹出的快捷菜单中选择【填充效果】命令，打开【填充效果】对话框。

03 打开【图片】选项卡，单击【选择图片】按钮，打开【选择图片】对话框。

04 打开图片的存放路径，选择需要插入的图片，单击【插入】按钮。

05 返回至【图片】选项卡，查看图片的整体效果，单击【确定】按钮。

06 此时即可在"明信片"文档中显示图片背景效果。

07 在快速访问工具栏中单击【保存】按钮📁，保存"明信片"文档。

10.4.3　添加水印

所谓水印，是指印在页面上的一种透明的花纹，可以是一幅图画、一个图表或一种艺术字体。创建的水印在页面上是以灰色显示，作为正文的背景，起到美化文档的效果。

打开【页面布局】选项卡，在【页面背景】组中单击【水印】按钮，在弹出的水印样式列表框中可以选择内置的水印。若选择【自定义水印】命令，打开【水印】对话框，在其中可以自定义水印样式，如图片水印等。

【例10-10】在"行政人事管理制度"文档中添加自定义水印。
📀视频+素材（光盘素材\第10章\例10-10）

01 启动 Word 2010 应用程序,打开【例10-4】制作的"行政人事管理制度"文档。

02 将插入点定位在第 1 页,打开【页面布局】选项卡,在【页面背景】组中单击【水印】按钮，从弹出的菜单中选择【自定义水印】命令。

03 打开【水印】对话框,选中【文字水印】单选按钮,在【文字】列表框中输入文本,在【字体】下拉列表框中选择【华文新魏】选项,在【字号】下拉列表框中选择【54】选项,在【颜色】面板中选择【深蓝,文字 2】色块,并选中【水平】单选按钮,单击【确定】按钮。

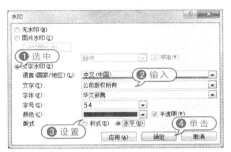

专家指点

在【水印】对话框中选中【图片水印】单选按钮,将激活【选择图片】按钮,单击该按钮打开【选择图片】对话框,可以选择自定义的图片作为文档的水印。

04 此时即可将水印添加到文档中,按 Ctrl ＋S 快捷键,保存设置水印效果后的"行政人事管理制度"文档。

10.5 文档的打印

完成文档的制作后,必须先对其进行打印预览,按照用户的不同需求进行修改和调整,然后对打印文档的页面范围、打印份数和纸张大小等参数进行设置,最后将文档打印出来。

10.5.1 预览文档

在打印文档之前,如果希望预览打印效果,可以使用打印预览功能,利用该功能查看文档效果。打印预览的效果与实际上打印的真实效果非常相近,使用该功能可以避免打印失误和不必要的损失。

【例 10-11】打印预览"行政人事管理制度"文档,并查看该文档的总页数和显示比例分别为 28%、22% 和 10% 时的状态。
📷视频+素材 (光盘素材\第 10 章\例 10-11)

01 启动 Word 2010 应用程序,打开"行政人事管理制度"文档。

02 单击【文件】按钮,选择【打印】命令,打开【Microsoft Office Backstage】视图的【打印预览】窗格,查看文档的总页数为 30 页,当前页数为第 1 页封面。

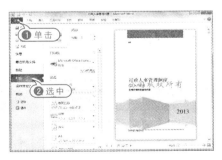

03 单击【下一页】按钮 ▶,切换至文档的下

一页,查看该页的整体效果。

04 单击 3 下按钮 + ,将页面的显示比例调节到 70%的状态,查看该页中的内容。

05 逐步单击【下一页】按钮 ▶ ,查看后面页面的文档效果。

06 在当前页文本框中输入 8 后按 Enter 键,此时即可切换到第 8 页中查看该页中的文本内容。

注意事项

预览打印效果时除了查看排版是否达到要求外,还可以检查文本内容是否含有错别字、漏字、语句不通等现象。如果发现错误,可以直接在预览窗格中修改。

07 在预览窗格的右侧上下拖动垂直滚动条,可逐页查看文本内容。

08 在缩放比例工具中向左拖动滑块至 22%,此时文档将以 4 页方式显示在预览窗格中。

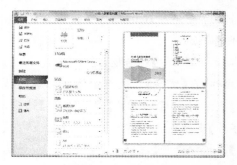

09 使用同样的方法设置显示比例为 28%,此时将以双页方式显示文档内容。

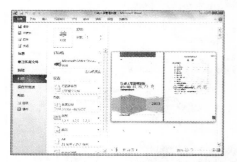

10 使用同样的方法设置显示比例为 10%,此时将以多页方式显示文档内容。

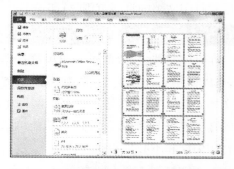

注意事项

显示比例的设置因窗口大小的改变而改变,用户可以根据窗口大小来设置显示比例。

10.5.2 打印文档

如果一台打印机与计算机已正常连接,

并且安装了所需的驱动程序，就可以在 Word 2010 中将所需的文档直接输出。

在 Word 2010 文档中，单击【文件】按钮，在弹出的菜单中选择【打印】命令，打开【Microsoft Office Backstage】视图，在其中部的【打印】窗格中可以设置打印份数、打印机属性、打印页数和双页打印等内容。

【例 10-12】打印"行政人事管理制度"文档指定的页面，份数为 3 份，并设置在打印一份完整的文档后再开始打印下一份。 ✦视频

01 启动 Word 2010 应用程序，打开"行政人事管理制度"文档。

02 单击【文件】按钮，打开【Microsoft Office Backstage】视图，在【打印】窗格的【份数】微调框中输入 3；在【打印机】列表框中自动显示默认的打印机，此处设置为 QHWK 上的 HP LaserJet 1018，状态显示为就绪，表示该打印机处于空闲状态。

注意事项

如果用户需要对打印机属性进行设置，则单击【打印机属性】，打开【\QHWK HP LaserJet 1018 属性】对话框，在该对话框中可以设置纸张尺寸、水印效果、打印份数、纸张方向和旋转打印等参数。

03 在【设置】选项区域的【打印所有页】下拉列表框中选择【打印自定义范围】选项，在其下的文本框中输入打印范围为第 3～30

页内容。

专家指点

在【打印所有页】下拉列表框中可以设置仅打印奇数页或仅打印偶数页，甚至可以设置打印所选定的内容或者打印当前页。另外，在输入打印页面的页码时，每个页码之间用"，"分隔，还可以使用"-"符号表示某个范围的页面。如果输入"3-"，表示打印从第 3 页开始到文档尾页。

04 单击【单页打印】下拉按钮，从弹出的下拉菜单中选择【手动双面打印】选项。

05 在【调整】下拉菜单中可以设置逐份打印，如果选择【取消排序】选项，则表示多份一起打印。这里保持默认设置，即选择【调整】选项。

06 设置完打印参数后，单击【打印】按钮即可开始打印文档。

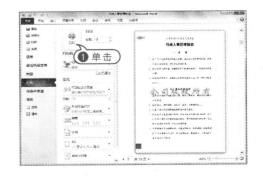

10.6 实战演练

本章的实战演练部分介绍制作并打印公司印笺综合实例操作,用户可通过练习从而巩固本章所学知识。

> 【例 10-13】制作公司印笺,设置页面大小、页眉和页脚、页面背景并打印。
> 🎬 视频+素材（光盘素材\第 10 章\例 10-13）

01 启动 Word 2010 应用程序,新建一个空白文档,将其命名为"公司印笺"。

02 打开【页面布局】选项卡,单击【页面设置】对话框启动器 🖫 ,打开【页面设置】对话框的【页边距】选项卡。

03 在【上】微调框中输入"2 厘米",在【下】微调框中输入"1.5 厘米",在【左】、【右】微调框中分别输入"1.5 厘米";在【装订线】微调框中输入"1 厘米",在【装订线位置】列表框中选择【上】选项。

04 打开【纸张】选项卡,在【纸张大小】下拉列表框中选择【32 开（13×18.4 厘米）】选项,此时在【宽度】和【高度】文本框中将自动填充尺寸。

05 打开【版式】选项卡,在【页眉】和【页脚】微调框中分别输入"2 厘米"和"1.5 厘米",单击【确定】按钮,完成页面设置。

06 在页眉区域双击鼠标,进入页眉和页脚编辑状态。

07 在页眉编辑区域中选中段落标记符,打开【开始】选项卡,在【段落】组中单击【下框线】按钮 🖽▾ ,在弹出的菜单中选择【无框线】命令,隐藏页眉处的边框线。

08 将插入点定位在页眉处,打开【插入】选项卡,在【插图】组中单击【图片】按钮,打开【插入图片】对话框,选择需要插入的图片后单击【插入】按钮,插入页眉图片。

09 打开【图片工具】的【格式】选项卡,在【排列】组中单击【自动换行】按钮,从弹出的菜单中选择【浮于文字上方】选项,设置环绕方式为【浮于文字上方】,并拖动鼠标调节图片至合适的大小和位置。

10 在插入点处输入文本,设置字体为【幼圆】,字号为【小三】,字体颜色为【红色】,对齐方式为【右对齐】。

11 打开【插入】选项卡,在【插图】组中单击【形状】按钮,在【线条】选项区域中单击【直线】按钮,在页眉处绘制一条直线。

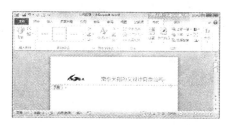

12 打开【绘图工具】的【格式】选项卡,在【形状样式】组中单击【其他】按钮,从弹出的列表框中选择【粗线-强调颜色5】选项,为直线应用该形状样式。

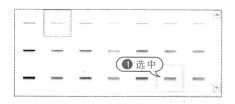

13 打开【页眉和页脚工具】的【设计】选项卡,在【导航】组中单击【转至页脚】按钮,切换到页脚,在其中输入公司的电话、传真及地址,并且设置字体为【华文行楷】,字号为【小五】,字体颜色为【橙色,强调文字颜色6,深色25%】。

14 使用同样的方法,在页脚处绘制一条与页眉处同样的直线。

15 打开【页眉和页脚工具】的【设计】选项卡,在【关闭】组中单击【关闭】按钮,退出页眉和页脚编辑状态。

16 打开【页面布局】选项卡,在【页面背景】组中单击【水印】按钮,从弹出的菜单中选择【自定义水印】命令,打开【水印】对话框,选中【图片水印】单选按钮,并且单击【选择图片】按钮。

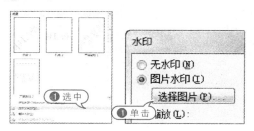

17 打开【插入图片】对话框,选择所需的图片后单击【插入】按钮。

18 返回至【水印】按钮,单击【应用】按钮,再单击【关闭】按钮,完成水印设置。

19 单击【文件】按钮,选择【打印】命令,打开【Microsoft Office Backstage】视图,则在最右侧的【预览】窗格中显示文档的整体效果。

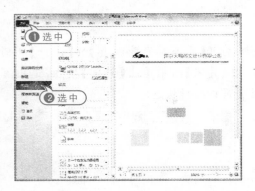

20 多次单击【放大】按钮 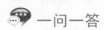 ,将文档放大到

显示比例为 100% 状态,并拖动右侧垂直滚动条,查看整个文档中是否含有错别字、格式错误等。

21 单击【缩放到页面】按钮 ,将整个文档以页面视图方式显示在预览窗格中。

22 在中间的【打印】窗格中的【份数】微调框中输入"20",单击【每版打印 1 页】下拉按钮,从弹出的下拉菜单中选择【每版打印 2页】选项,单击【打印】按钮,打印 20 份文档;然后将打印纸旋转 180° 摆放,继续打印 20份该文档。

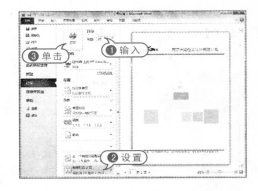

10.7 专家答疑

一问一答

问:如何在 Word 2010 中显示行号?

答:打开 Word 2010 文档,再打开【页面布局】选项卡,在【页面设置】组中单击【行号】按钮,从弹出的快捷菜单中选择【连续】按钮,即可在文档的每行前标出所有行的行号。

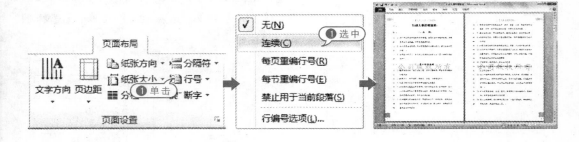

第11章

综合实例应用

本章主要通过综合实例精讲如何制作美观实用的 Word 商务文档，练习编辑文本、格式化文本、图文混排、设置页面、使用样式和模板以及长文档的编辑处理等操作，帮助用户提高综合应用 Word 2010 的能力。

 参见随书光盘

例 11-1　制作产品说明书　　　　　　例 11-2　排版员工手册

11.1 制作产品说明书

本节通过制作产品说明书,巩固编辑正文内容、添加插图内容、设置边框和底纹、设置页眉和页脚等知识点。

【例11-1】在 Word 2010 中制作"产品说明书"文档。
📀视频+素材 (光盘素材\第11章\例11-1)

01 单击【开始】按钮,从弹出的菜单列表中选择【所有程序】|【Microsoft Office】|【Microsoft Word 2010】命令,启动 Word 2010 应用程序。

02 自动创建一个空白文档,切换至五笔输入法,将其命名为"产品说明书",并在其中输入相关的文本内容。

03 选取标题文本,打开【插入】选项卡,在【文本】组中单击【艺术字】按钮,从弹出的艺术字字库中选择【渐变填充-橙色,强调文字颜色6,内部阴影】样式,为标题文本应用该艺术字样式。

04 选取艺术字,右击鼠标打开浮动工具栏,单击【字号】下拉按钮,从弹出的下拉列表框中选择【一号】选项。

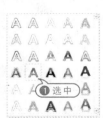

05 打开【绘图工具】的【格式】选项卡,在【排列】组中单击【自动换行】按钮,从弹出的快捷菜单中选择【浮于文字上方】选项,为艺术字应用该环绕方式。

06 使用拖动鼠标的方法调节艺术字至合适的大小和位置。

07 选取所有的正文文本,打开【开始】选项卡,单击【段落】对话框启动器 ⬜,打开【段落】对话框。

08 打开【缩进和间距】选项卡,在【缩进】选项区域中单击【特殊格式】下拉按钮,从弹出的菜单中选择【首行缩进】选项,在其后的【磅值】文本框中输入"2磅",单击【确定】按钮,为文本段落设置首行缩进2字符。

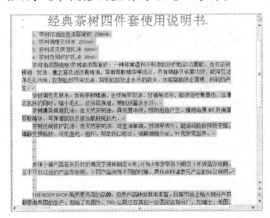

09 选取4种产品介绍段中的文本,在【开始】选项卡的【段落】组中单击【项目符号】下拉按钮,从弹出的菜单中选择【定义新项目

符号】选项,打开【定义新项目符号】对话框。

10 单击【图片】按钮,打开【图片项目符号】对话框,然后单击【导入】按钮。

11 在打开的【将剪辑添加到管理器】对话框中选择所需的图片项目符号,单击【添加】按钮。

12 返回至【图片项目符号】对话框,查看图片项目符号的效果。

13 单击【确定】按钮,此时该图片项目符号将插入文档中。

14 将插入点定位在文档开始处,打开【插入】选项卡,在【插图】组中单击【图片】按钮,打开【插入图片】对话框。

15 选择需要插入的图片并单击【插入】按

钮,将图片插入到文档中。

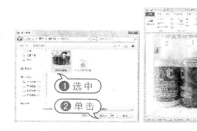

16 打开【图片工具】的【格式】选项卡,在【排列】组中单击【自动换行】按钮,从弹出的菜单中选择【浮于文字上方】选项,设置其环绕方式,并且调整其大小。

17 在【排列】组中单击【位置】按钮,从弹出的【文字环绕】列表框中选择【顶端居中,四周型文字环绕方式】选项,并调节其至合适的位置。

18 打开【插入】选项卡,在【插入】组中单击【形状】按钮,从弹出的【矩形】选项区域中单击【对角圆角矩形】按钮。

19 当鼠标指针变为"十"字形时,拖动鼠标至合适的位置绘制出对角圆角矩形。

20 右击选中的图形,从弹出的快捷菜单中选择【添加文本】命令,此时自选图形中将显示闪烁的光标,用户可在其中输入文本。

21 打开【绘图工具】的【格式】选项卡,在【形状样式】组中单击【其他】按钮▼,从弹出的样式列表框中选择【强烈效果-橄榄色,强调颜色3】选项,为图形应用该形状样式。

22 在【艺术字样式】组中单击【快速样式】按钮,从弹出样式列表框中选择【填充-红色,强调文字样式2,双轮廓-强调文字颜色2】选项,为图形中的文本应用该艺术字效果。

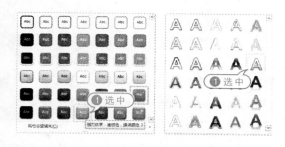

23 选中图形,依次按4次按Ctrl＋C快捷键

复制图形,再按4次Ctrl＋V快捷键粘贴图形。

24 依次修改4个图形中的文本内容,并将其调节至合适的位置。

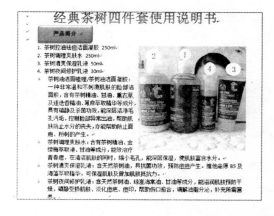

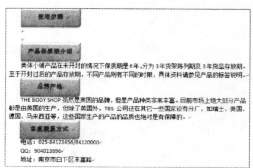

25 将插入点移至"使用步骤"图形下行,打开【插入】选项卡,在【插图】组中单击【SmartArt】按钮,打开【选择SmartArt图形】对话框。

26 打开【全部】选项卡,在中间的列表框中选择【基本流程】选项,单击【确定】按钮,在文档中插入SmartArt图形。

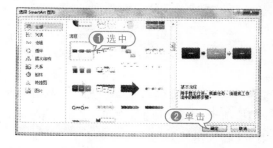

27 在"文本"图形中输入文本内容。

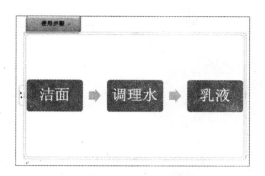

28 打开【SmartArt 工具】的【格式】选项卡,在【排列】组中单击【自动换行】按钮,从弹出的菜单中选择【浮于文字上方】选项,以设置 SmartArt 图形的环绕方式。

29 在【大小】组中的【高度】和【宽度】微调框中分别输入"4 厘米"和"10 厘米",并调节 SmartArt 图形至合适的位置。

30 打开【SmartArt 工具】的【设计】选项卡,在【SmartArt 样式】组中单击【更改颜色】按钮,从弹出的列表框中选择【彩色范围-强调文字颜色 5 至 6】选项,为 SmartArt 图形应用该彩色样式。

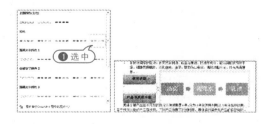

31 选取"客服联系方式"下的所有文本段,

打开【开始】选项卡,在【段落】组中单击【边框】按钮,从弹出的菜单中选择【边框和底纹】选项,打开【边框和底纹】对话框。

32 打开【底纹】选项卡,单击【颜色】下拉按钮,从弹出的颜色面板中选择【橙色,强调文字颜色 6,淡色 40%】色块。

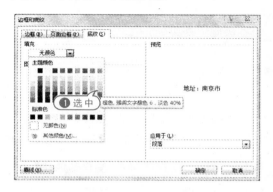

33 打开【边框】选项卡,在【设置】选项区域中选择【三维】选项,在【颜色】下拉面板中选择【橙色,强调文字颜色 6,深色 50%】色块,在【宽度】下拉列表框中选择【1.5 磅】选项,单击【确定】按钮,完成设置。

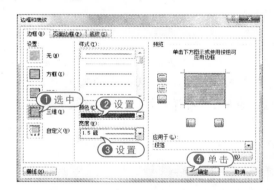

34 此时,即可为段落文本应用所设置的底纹和边框效果。

35 在页眉区域双击鼠标,进入页眉和页脚编辑状态。

36 在页眉编辑区域中选中段落标记符,打开【开始】选项卡,在【段落】组中单击【下框线】按钮，从弹出的菜单中选择【无框线】命令,隐藏页眉处的边框线。

37 打开【插入】选项卡,在【页眉和页脚】组中单击【页眉】按钮,从弹出的列表框中选择【细条纹】页眉样式,快速应用该页眉样式。

38 在页眉编辑视图中的【标题】文本框中输入页眉标题文本,设置字体为【方正粗活意简体】,字号为【四号】,字体颜色为【蓝色】。

39 打开【插入】选项卡,在【页眉和页脚】组中单击【页脚】按钮,从弹出的列表框中选择【细条纹】页脚样式,快速应用该页脚样式。

40 删除页数文本,在【输入文字】文本框中输入文本,设置字体为【方正粗活意简体】,字号为【五号】,字体颜色为【蓝色】。

41 打开【页眉和页脚工具】的【设计】选项卡,在【关闭】组中单击【关闭页眉和页脚】按钮,退出页脚编辑状态。

42 单击【文件】按钮,从弹出的菜单中选择【打印】命令,打开【Microsoft Office Backstage】视图,在中间的【打印】中的【份数】微调框中输入"100"。在【打印机】下拉列表框中选择【QHWK 上的 HP LaserJet 1018】选项,然后单击【打印】按钮,开始打印文档。

43 打印完毕后,将打印好的每一张产品说明书折叠成矩形形状,放入产品包装盒中。

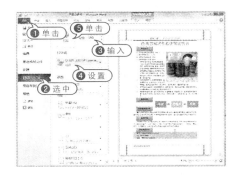

11.2 排版员工手册

本节通过排版"员工手册"文档,巩固页眉和页脚设置、使用样式、分栏设置、插入目录和插入分页符等知识点。

【例 11-2】在 Word 2010 中排版"员工手册"文档。

视频+素材(光盘素材\第 11 章\例 11-2)

01 启动 Word 2010 应用程序,打开编辑后的"员工手册"文档。

02 打开【视图】选项卡,在【文档视图】组中单击【大纲视图】按钮,切换至大纲视图模式来查看文档结构。

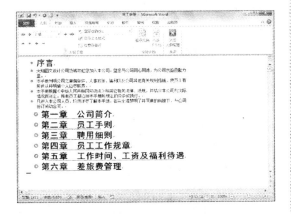

03 在【大纲】选项卡的【大纲工具】组中单击【显示级别】下拉按钮,从弹出的菜单中选择【所有级别】命令,展开文档内容。

04 将插入点定位在正文文本"2.1 员工守则"处,在【大纲级别】下拉列表框中选择【3级】选项,设置其为 3 级标题。

05 使用同样的方法,设置其他正文文本的标题级别。

06 标题级别设置完成后,在【大纲】选项卡的【大纲工具】组中单击【显示级别】下拉按钮,从弹出的菜单中选择【3 级】命令,以展开 3 级标题。

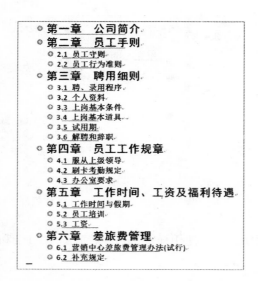

07 在【大纲】选项卡的【关闭】组中单击【关闭大纲视图】按钮,返回至【页面视图】窗口。

08 打开【视图】选项卡,在【显示】组中选中【导航窗格】复选框,打开【导航】任务窗格。

09 在【浏览您的文档中的标题】列表框中单击标题按钮,即可快速切换至该标题以查看相应的文档内容。

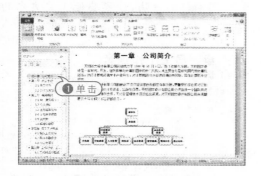

10 检查完文档内容后,单击【关闭】按钮,关闭【导航】窗格。

11 在第一章中选中 SmartArt 图形,打开【开始】选项卡,在【样式】组中单击【样式】对话框启动器，打开【样式】任务窗格,右击列表框中【图】下拉按钮,从弹出的菜单中选择【修改】命令,打开【修改样式】对话框。

12 单击【居中对齐】按钮,设置图居中对齐,然后单击【格式】按钮,从弹出的快捷菜单中选择【边框】命令。

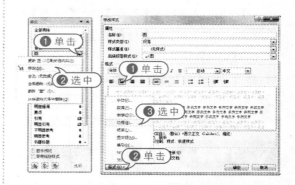

13 打开【边框和底纹】对话框的【边框】选项卡,在【设置】组中选择【三维】选项,在【样式】列表框中选择所需的线型样式,在【颜色】下拉面板中选择【紫色,强调文字颜色4】色块,在【宽度】下拉列表框中选择【1.5磅】样式,单击【确定】按钮,完成边框的设置。

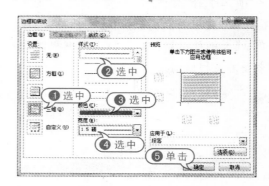

14 返回至【修改样式】对话框,单击【格式】按钮,从弹出的快捷菜单中选择【段落】命令,打开【段落】对话框。

15 打开【缩进和间距】选项卡,在【间距】选项区域中的【段前】和【段后】微调框中分别输入"0.3 行",单击【确定】按钮,完成段落间距的设置。

16 返回【修改样式】对话框,单击【确定】按

钮,完成【图】样式的修改.在文档中将自动应用修改后的图样式。

中对齐】。

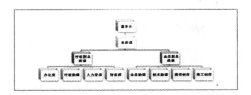

17 将插入点定位在"序言"段落末尾处,打开【页面布局】选项卡,在【页面设置】组中单击【分隔符】按钮,从弹出菜单的【分页符】选项区域中选择【分页符】命令,插入分页符。

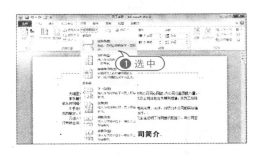

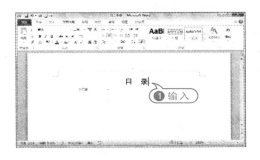

18 此时,"序言"段落以下的文本内容将另起一页显示。

21 打开【引用】选项卡,在【目录】组中单击【目录】按钮,从弹出的菜单中选择【插入目录】命令,打开【目录】对话框,在【显示级别】微调框中输入"3",单击【确定】按钮。

19 打开【插入】选项卡,在【页】组中单击【空白页】按钮,在"序言"和"第一章"之间插入一个空白页。

20 将插入点定位在空白页开头位置,切换至五笔输入法,输入文本"目录",并设置字体为【黑体】,字号为【二号】,对齐方式为【居

22 此时,将在目录页面自动插入目录。

23 选中目录,按 Shift＋Ctrl＋F9 组合键取消超级链接。

24 打开【开始】选项卡,在【字体】组中单击【下划线】按钮,取消文字下的下划线,设置

字体为【楷书】,字体颜色为【黑色,文字1】。

25 单击【段落】对话框启动器，打开【段落】对话框中的【缩进和间距】选项卡，在【间距】选项区域的【段前】和【段后】微调框中分别输入"0.5行"和"0.5行"，单击【确定】按钮，完成设置。

26 按住Ctrl键的同时，选中2级标题，设置其字号为【四号】；按住Ctrl键的同时，选中3级标题，设置其字号为【小五】。

27 将插入点定位至第一页"序言"文本开始处，打开【插入】选项卡，在【页】组中单击【封面】按钮，从弹出的下拉列表框中选择【危险性】样式，在文档中插入封面页。

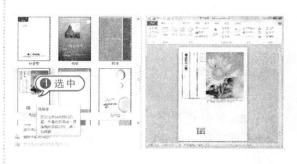

28 按照封面页的文本提示，在提示文本框中输入相关的内容。

29 选中封面中的图片，然后按Delete键删除图片。

30 打开【插入】选项卡，在【插图】组中单击【图片】按钮，打开【插图图片】对话框。

31 选择所需的图片后单击【插入】按钮，将图片插入到封面页。

32 打开【图片工具】的【格式】选项卡,在【排列】组中单击【自动换行】按钮,从弹出的菜单中选择【浮于文字下方】选项,为图片设置环绕方式,并拖动鼠标调节图片至合适的大小和位置。

33 双击文档页眉或页脚处,进入页眉和页脚编辑状态。

34 打开【页眉和页脚工具】的【设计】选项卡,在【选项】组中选中【首页不同】和【奇偶页不同】复选框,并将插入点定位至首页页脚处。

35 打开【插入】选项卡,在【插图】组中单击【形状】按钮,从弹出的菜单的【星与旗帜】选项区域中单击【上凸带形】按钮,拖动鼠标在首页页脚处绘制图形。

36 打开【绘图工具】的【格式】选项卡,在【形状样式】组中单击【形状填充】按钮,从弹出的菜单的【标准色】选项区域中选择【浅蓝】色块;单击【形状轮廓】按钮,从弹出的菜单中选择【无轮廓】命令,为页脚形状设置填充色和边框效果。

37 将插入点定位在奇数页页眉处,选中段落标记符,打开【开始】选项卡,在【段落】组中单击【边框】按钮,从弹出的菜单中选择【无框线】命令,隐藏奇数页页眉的边框线。

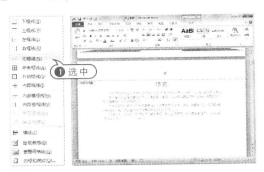

38 打开【开始】选项卡,在【段落】组中单击【文本右对齐】按钮 ,将插入点右对齐;然后打开【插入】选项卡,在【插图】组中单击【图片】按钮,打开【插入图片】对话框,选择所需的图片后单击【插入】按钮,将公司图标

文件插入其中。

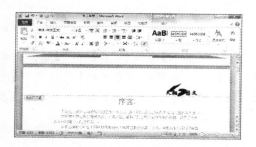

39 打开【插入】选项卡，在【插图】组中单击【形状】按钮，从弹出的菜单的【线条】选项区域中单击【直线】按钮，在页眉位置绘制一条直线。

40 右击直线，在弹出的快捷菜单中选择【设置形状格式】命令，打开【设置形状格式】对话框，切换至【线型】选项卡，在【宽度】微调框中输入"6磅"。

41 打开【线条颜色】选项卡，单击【颜色】下拉按钮，从弹出的颜色面板中选择【深蓝】色块，然后单击【关闭】按钮，完成页眉处线条的设置。

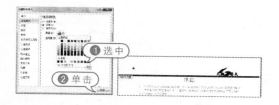

42 打开【页眉和页脚工具】的【设计】选项卡，在【导航】组中单击【转至页脚】按钮，将插入点定位至奇数页页脚处。

43 打开【插入】选项卡，在【插图】组中单击【形状】按钮，从弹出的菜单的【矩形】选项区域中单击【矩形】按钮，在页脚位置绘制3个矩形。

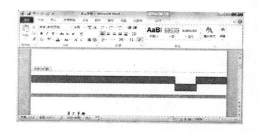

44 选中绘制的矩形并右击，在弹出的快捷菜单中选择【设置对象格式】命令，打开【设置对象格式】对话框，将填充颜色和线条颜色均设置为【深蓝色】。

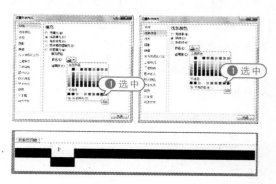

45 按住 Shift 键，选取3个矩形并右击鼠标，在弹出的快捷菜单中选择【组合】|【组合】命令，将其组合，完成奇数页页眉页脚的设置。

46 将插入点定位至偶数页页眉处，按编辑奇数页页眉时删除页眉中显示的横线的方法，删除偶数页中页眉处的横线，然后在插入点输入文本"员工手册"，并将文本的字体设置为【华文新魏】，字号设置为【四号】，字体颜色设置为【红色】，字形设置为【加粗】，对齐方式为【左对齐】。

47 将奇数页绘制的直线复制到偶数页中，并调节线条的位置。

48 将插入点定位在偶数页的页脚处，参照奇数页页脚的制作方法制作偶数页的页脚。

49 将插入点定位到奇数页页脚位置处，打开【插入】选项卡，在【文本】组中单击【绘制文本框】按钮，在凸出来的矩形上方空白处绘制一个文本框。

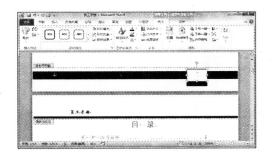

50 将插入点定位在文本框中，打开【页眉和页脚工具】的【设计】选项卡，在【页眉和页脚】组中单击【页码】按钮，从弹出的菜单中选择【当前位置】|【普通数字】|【大型彩色】命令，插入页码，并设置页码居中对齐显示。

51 打开【绘图工具】的【格式】选项卡，在【形状样式】组中单击【形状填充】按钮，从弹出的菜单中选择【无填充颜色】选项；单击【形状轮廓】按钮，从弹出的菜单中选择【无轮廓】选项，为文本框设置无填充颜色和无边框的效果。

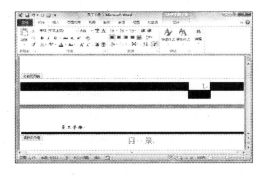

52 使用同样的方法，在偶数页页脚处绘制文本框，并插入页码。

53 打开【页眉和页脚工具】的【设计】选项卡，在【关闭】组中单击【关闭页眉和页脚】按钮，退出页眉和页脚编辑状态。

54 选中"6.2 补充规定"下的所有正文文本，打开【页面布局】选项卡，在【页面设置】组中单击【分栏】按钮，从弹出的菜单中选择【更多分栏】命令，打开【分栏】对话框。

55 在【预设】选项区域中选中【右】选项，单击【确定】按钮，完成分栏设置。

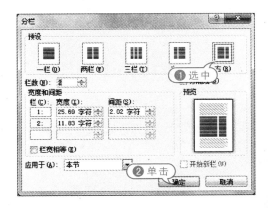

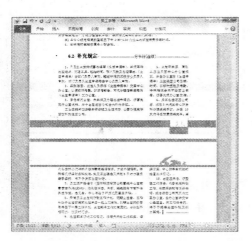

56 打开【视图】选项卡,在【显示比例】组中单击【显示比例】按钮,打开【显示比例】对话框,选中【多页】单选按钮,从弹出的菜单中拖动鼠标选取 2×4 页,单击【确定】按钮。

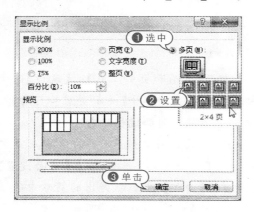

57 此时文档窗口中以 8 页视图模式显示文档内容,并可拖动窗口右侧的垂直滚动条查看整个文档效果。

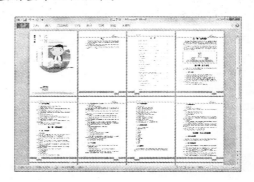

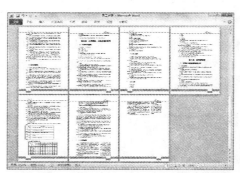

58 按 Ctrl+S 快捷键,保存排版后的"员工手册"文档。